JN163345

# 荒ぶる自然
# 日本列島天変地異録

高田宏

苦楽堂

# 荒ぶる自然

## 日本列島天変地異録

高田宏

苦楽堂

# はじめに

北米大陸を東から西へおよそ三八〇〇キロ、バスに乗っていたことがある。大西洋沿岸のボストンでバスに乗り込み、オンタリオ湖、エリー湖、ミシガン湖の南岸を通って、やがて大陸中部にひろがる大平原を横切り、ロッキー山脈東麓のソルトレイクシティーまで、まる三日間のバス旅行だった。

途中あきれたのが大平原だ。行けども行けども何もない。前後左右まったいらに広がっている大地が朝も昼も夜もつづいていた。朝見ていた風景と寸分違わない風景が夕方の風景だ。時間がほんとうに経ったのかどうか怪しくなるほどだった。三六〇度地平線の見える平らな風景をぼくはあきれながら眺めていた。丘すら見えない平地の広がりは、単調きわまりないものだった。翌日ようやく赤茶けたテーブルマウンテン群が視界に入りだしたときには、その不毛の大地でも景色に起伏のあることで、なにかほっとしたものだ。

日本列島にはない風景だった。空虚な世界だった。見ていて心が虚しくなる。あの平らな大地も一つの自然には違いない。しかし、日本列島の自然とは似ても似つかない単調で空虚で痩せた自然だ。

日本列島には無数の山がある。山々の大半は、ごく高い山の山頂近くを除いたら、草木に覆われている。その山々に降る雨が森の土にたくわえられ、ゆっくりと谷へ流れて川になっている。川の数も多い。数え方次第だが数万本の川が日本列島の山々から流れ出ている。

複雑な自然だ。変化に富む豊かな自然である。その恩恵を受けて、ぼくたちの祖先もぼくたちも生きてきた。

だが、この自然はまた「荒ぶる自然」でもある。山が生みだして川が運んでくれる水は生きるのに欠かせない自然の恵みだが、この水はときに洪水となって走り、岸辺をえぐり川筋から溢れて田畑や家々を飲み込む。

日本列島がもしも北米大陸のあの大平原のように平らな大地だったら、そんなことは起こらない。山がなければ川がないから、洪水の起こりようがない。

日本列島は山岳列島である。火山列島でもある。それゆえに森林列島であり河川列島である。日本列島を旅するとき風景は刻々変化する。大きくは南北の変化も東西の変化もあるが、ほんの峠ひとつ越え岬ひとつまわっただけでも別の風景に出会う。複雑な大地が複雑な気候と共に、千変万化する風景をこの列島に生み出してきた。それが、日本列島の自然の豊かさだ。そして、その自然がぼくたちを生かし、ぼくたちの心を養ってきた。

平らな大地とちがって複雑な大地は動きやすい。山崩れもあれば地震もある。平地の雪は決してなだれることはないが、山の斜面の雪は雪崩を引き起こすことがある。火山は大地をあたためてくれたり温泉を与えてくれたりする一方で、時々噴火して熔岩を流したり火山灰を降らせたりする。火山活動にともなう地震もある。日本列島と周辺海底の複雑な構造がしばしば大地震を起こし、海の地震が津波となって海岸を襲うこともある。

　豊かな自然は動く自然だ。動きが大きいとき、自然の力がぼくたちにとって恐ろしいものとなる。ぼくも福井地震に直撃された日々の恐怖を半世紀後のいまでも忘れていないし、狩野川（かのがわ）台風や伊勢湾台風の災害地を取材したときの悲惨は目に焼きついている。

　だが、それなら動かない自然がいいかと聞かれたら、それは嫌だと思う。山がなく、森がなく、川がなく、ただ静かで平らな大地がひろがるだけのところには、ぼくは暮らしたくない。

　日本列島の荒ぶる自然がこれまで多くの人の生命を奪ってきた。家々を壊し、田畑を荒らしてもきた。たくさんの悲しみを生んできた。それは辛いことだ。だが、その辛さがぼくたち日本列島に生きる者を鍛えてもきた。地震、噴火、台風、水害、雪崩、津波といった荒ぶる自然の歴史は、その自然に鍛えられてきた人間の歴史をも見せている。荒ぶる自然はしばしば美しい人間の母胎であった。

# 福井地震

金沢
大聖寺
小松
塩屋
福井地震震源地
石川県
加賀市
丸岡
春江
森田
福井
福井県

# 1

その年の春、新制高校が発足した。通う校舎は以前と同じだったが、高等学校一年生になったぼくは、こころもち胸を張って生きていた。金沢の四高などの旧制高校に比べたら新制高校は格が下がるとは思いながらも、ともあれ高等学校生徒になったのだった。

高校生になって約三ヶ月、中学生のときには歯の立ちそうになかった本なども読み齧っていた。食糧難がつづいていて毎日空腹だったけれども、日は高く青空へ向けていた。何かいいことがありそうな日々だった。

突然、その日々が中断され、巨大な亀裂が走った。大地震に見舞われたのだった。

地震の夜、ぼくは傾いた家から取り出してきた日記帳に鉛筆で、地震発生からの記録を書きつけていた。月明かりがあったのだろうか、くらがりのなかで半ば手さぐりに、字を書きつづけた。

裏の空地に立っていた大きな桐の木の下での野宿だった。空地をとりかこんでいる四軒ばかりの家の人たちが、桐の木の根もとで夜を明かした。大きな余震がくりかえし襲っていた。そのため危くて、なかなか家のなかへ物を取りに入れなかった。ぼくの日記帳も、余震の合間をねらって薬箱を取りに駆け込んだとき、ついでに鷲づかみにしてきたものだった。二日目の晩からは蚊帳(かや)を木の枝に吊って寝たが、最初の晩はそれも出来なかった。

昭和二十三年(一九四八年)六月二十八日分の日記のページはすぐに埋まってしまった。その晩のうちに九月か十月のページまで書きつぶし、翌晩か翌々晩には十二月三十一日のページまで使い切った。

あの日記帳は消えてしまった。二十歳になったとき、二十歳以前の自分と訣別する気になって日記とか読書ノートとか、いろんなものを燃やしたのだが、その火のなかへあの日記帳も投げ込んだのだ。

惜しいことをした。残しておけばよかった。長らくそう思っていた。だが、このごろは少し気持ちが変わっている。惜しい気持ちもないではないが、それはやはり感傷に過ぎないだろうという気になっている。あの日記にどれだけ詳しく地震体験が記されていても、所詮は十六歳の目しか働いていないだろう。それに「事実」などは、同じものを見ていても記す人によって様々に変わるものだ。自分が窓から目撃した事件が第三者の報告では全く別のものになっているのを見て、歴史著述を放棄した学者がいた。そんなものだろうと思う。まして大地震のような混乱のなかでは、あいまいな無数の事実が、刻々変色しながら、飛び散り、漂い、無秩序に降りつもってゆく。

# 2

福井地震、または福井大地震と、後年呼ばれるようになった地震だった。当時は北陸大震災という呼び方もあったが、被害、ことに死者の大半が福井県北部に集中していたことと、震源が福井県北部の内陸地下であったために、福井地震という名称に落ちついている。

地震の概要を、『地震の事典』(三省堂、萩原尊禮監修)から引いておく。

●福井地震　一九四八(昭和二十三)年六月二十八日に福井平野に発生した。震央は、北緯三六・一度、東経一三六・二度で、M七・一だった。被害は福井平野とその付近にかぎられたが、死者三八九五人、家屋の倒壊三万五四二〇戸、半壊一万一四四九戸、焼失三六九一戸に達した。(以下略)

死者三八九五人という数が正確かどうかは分からない。戦後まだ三年という混沌の時代だったからだろうが、ほかにいくつもの違った死者数がある。

阪神大震災(一九九五年)の報道にあたって、新聞が四十七年前の福井地震を引き合いに出していた。その各紙の福井地震死者数が次のようにばらばらである。

毎日新聞（1・19夕刊）　三七六九人
〃（1・20朝刊11面）　三八九五人
日本経済新聞（1・19夕刊）　約三七〇〇人
朝日新聞（1・20朝刊）　三八四八人
読売新聞（1・27朝刊）　三八九五人

気づいたものだけを挙げたのだが、ほかにも違った死者数があるかも知れない。右のうち二つは『地震の事典』と同じ三八九五人、朝日新聞は消防庁のデータに基いているとのことで三八四八人、毎日新聞の三七六九人のほうは岩波書店刊『近代日本総合年表（第二版）』と同じ数字である。

ともあれ、多い数と少ない数で約二〇〇人の死者数の差がある。新潟地震（一九六四年）の死者が二六人、日本海中部地震（一九八三年）の死者が九九人であることを思えば、二〇〇人は大きな数だ。奥尻島の地震と津波による死者・行方不明者の数と同じくらいの人数が、あいまいなままになっている。

ぼくが福井地震に遭った場所は、石川県南端の大聖寺（だいしょうじ）町である。のちに近隣の町村と合併して現在は加賀市になっている。この加賀市の刊行物でも、二つの死者数がある。

『加賀市の歴史』では、市内の死者三四人、『こども加賀市史』では死者三九人、行方不明七人となっている。行方不明者のなかには、ぼくの親友のお母さんが含まれているのだろうと思う。大きな山崩れの下になって、掘り出すことができなかった。

統計表をのせている『こども加賀市史』によると、ぼくの住んでいた大聖寺町の死者は一五人、行方不明一人、全壊家屋一七〇、半壊家屋三〇〇となっている。人口約一万四千人の町だったから、ほとんどの家が半壊かそれ以上だったことになる。

ぼくの家も半壊だった。学校も半壊で、あとで傾いた校舎を起こし、大きな長い角材を何本も支えにした。三年後に卒業したときも校舎には斜めの支え材が行列したままだった。

# 3

地震のはじまりは、昭和二十三年（一九四八年）六月二十八日午後五時一四分だった。当時はサマータイムだったので、実際は午後四時一四分である。朝から重苦しく曇っていて、北陸特有のむしむし暑い日だった、

ぼくは近くの銭湯へ行っていた。

湯ぶねのなかにいたとき、ドーンと来た。その直前に地鳴りがしたようにも思うが、はっきりしない。

足もとから湯ごと突き上げられた。湯ぶねの湯がはねあがってあふれた。タイルとガラスが砕け散るなかを、素裸で走った。道に飛び出すと、あたりは土煙で薄暗くなり、銭湯の建物が今にも倒壊しそうに大きく揺れていた。

銭湯の揺れがいったんおさまるのを見て、衣類を取りに戻った。乱れ籠の衣類を鷲づかみにして出ようとするとき、つぎの大揺れが来た。出入口の戸が開かなくなっていた。戸に何度か体当たりをして外へ出た。戸のガラスが肩に刺さり、両足裏にもガラス片が刺さったのだが、そのときは気づかなかった。

道が割れていた。土煙を上げていた。銭湯の向い側の畑（当時の家庭菜園）で衣類を身につけた。畑に裸のまま坐り込んでいる女の人が何人かいた。銭湯から衣類を取って出てくるときにも目の端に、脱衣場で坐り込んで動けない女性たちを見た。

――腰が抜けたんだ。腰が抜けるとあんな坐り方になるんだな。

ぐにゃりと坐った人たちを見て、おかしなことだがそんなふうに考えていた。

家までの数十メートルが歩けなかった。歩こうとすると倒れる。四つんばいで犬や猫たちのように歩こうとしたのだが、それも、数歩も行かぬうちに両手両足が倒れてしまう。黄色にけむる町の道で、もがきながら前進をつづけた。それが、加速度六〇〇ガル以上と推定される地表面の動きだった。

塵灰たちのぼりて、盛りなる、煙のごとし。地の動き、家の破るる音、雷にことならず。家のうちにをれば、たちまちに拉げなんとす。走りいづれば、地割れ裂く。羽無ければ、空をも飛ぶべからず。龍ならばや、雲にも乗らん。恐れの中に、恐るべかりけるは、ただ地震なりけりとこそ、おぼえはべりしか。

鴨長明の『方丈記』の一節だ。元暦二年（一一八五年）七月九日の京都大地震を記したものとみられる。長明自身がこの大地震に遭ったのだ。山崩れや建造物倒壊のありさまを描いたあとに右の文章がつづき、このあとには余震の模様を細かく記している。

鴨長明は『方丈記』に、地震、飢饉、旋風、大火などの災害を記録しているのだが、そのいずれにも、ルポルタージュ・ライターと呼びたいような臨場感にあふれる記述がみられる。伝聞での記述は少ないようだ。多くは自分の耳目でたしかめたものだろう。

福井地震を体験したあとで『方丈記』の右の一文を読むと、そうだ、全くその通りだ、と思ったものだった。銭湯から家までの道でぼくが体験したことと、長明の描写とはぴたりと一致している。

当時のわが町の道は土の道で、住居はすべて木造だったから、町の基本構造は鴨長明の時代の京都とそんなに変わらない。地震のときの光景もいきおい類似しているだろう。

# 4

地震のあと町を見て歩いたとき、目立っていたのは土蔵の崩壊だった。木造二階建ての公民館兼図書館の屋根が地上になっていたり、鉄と石で造られていた橋がV字型に折れて川に突っ込んでいたのにもおどろいたのだが、多くの土蔵が土くれに変わっていたのにはびっくりするというより感心してしまったものだった。

なるほど、火や水には強い土蔵でも、地震には脆いものだな。こんなに土蔵がつぶれたのも、あの土煙の一因なんだろう。ぼくなりに、そんなふうに納得したものだった。

安政二年（一八五五年）に江戸を襲った「安政大地震」でも、土蔵がたくさんつぶれたという。神田御成道（おなりみち）に面した表通りに古本屋を営んでいた藤岡屋由蔵（よしぞう）が、安政大地震の詳細な見聞を記録しているのだが、そのなかに、土蔵はとりわけて被害が大きく、一瞬にして崩れたものが多いと書かれている。

半世紀ほど昔のわが町は、規模ははるかに小さいけれども江戸の町とも似ていたということになるだろう。

マンションも高速道路もなかった時代である。自動車もわが町には数台しかなかったから、道で遊んでいて車の心配をする必要はなかった。家々も平屋が多く、商家など金持ちの家がわずかに二階建てだった。ぼくの家も小さな平屋だった。

統計がないので印象でしか言えないけれども、地震のとき平屋のほうがつぶれにくかったと思う。当時、素人考えで、平屋は二階がないぶん軽いからつぶれないのだろうと思ったものだ。被害は受けても半壊ですんでいた。もしもすべての家が二階建てだったら、圧死する人の数がずっと多かったかも知れない。公民館など大きくて重い二階を持っている建物がたいてい全壊しているのを見て、わが家が小さな平屋であったことに感謝した記憶がある。

大きな余震のつづくなか、桐の木の下の野宿を何日目に打ち切って家に入って暮らすことにしたのか、もう思い出せない。

若山牧水に「地震日記」という文章がある。牧水は大正十二年（一九二三年）九月一日、伊豆西海岸の古宇(こう)村の旅館で関東大地震に遭っている。宿の二階で昼寝をしているところにぐらぐらっと来て、四方の空に異様な音が鳴り渡った。入江の向こうの小さい岬の先端が赤黒い土煙をあげて崩れ落ちていた。道路が割れ、石垣が崩れて波のなかへ入っていった。海が盛り上がったかと思うと、ざあっと音を立てて遠くへ引いてゆく。

牧水の家は沼津にあった。家族のことが心配だが連絡のとりようがない。

そこへ、沼津へ行っていた発動機船が帰ってきた。沼津の様子を訊くと、

「ええもんだ、船着場んとこん土蔵が二三軒ぶっ倒れた、狩野川(かのがわ)がまるで津波で船が繋いでおかれねえ」

という話だ。

牧水は翌九月二日、出しぶる発動機船に乗って沼津へ帰る。港から自宅への途中、そのあたりの農家の人びとが畦道(あぜみち)にむしろを敷いて集まっているのを見かける。おそらくそうして夜を明かしたのだろう。

牧水が家に帰ってみると、門の内側の松や楓の木の枝に青い蚊帳が三つ吊ってあった。家族はそこで夜を過ごしたのだ。ぼくの桐の木の下の野宿と同じだ。関東大地震でも福井地震でも多くの人びとが蚊帳を使った。どちらも蚊帳が日常生活用具であった時代だった。

沼津地方激震死傷数千というのが、関西での最初の報道だったとのことで、関西の友人が「君たちを掘り出すつもりだった」と勇ましい扮装でやってきたりするのだが、小田原の柔道大会に出ていて身一つで焼け出された知人の学生が、仲間二人と共に山越えで訪ねてきた。それが地震から六日目のことだ。そのときには牧水一家はもう家に入って暮らしていたのだが、その夜、大きめの余震が来たとき、

「ワッ!」

と言うと身体を揃えて庭の方へ飛び出したものがあった。びっくりして見ると小田原組の三人だ。揃いも揃って長いのが三人、水泳の飛び込み其処(そこ)のけの恰好で、双手を突き拡げて二三間あまりも闇を目がけて跳躍した有様はまったく壮観で、フッと思うと同時にこみあげ

て来た笑いは永い間私の身体を離れなかった。

彼等も私に合わせて笑うには笑ったが、それからどうしても屋内に眠る事が出来なくなり、とうとう茣蓙（ござ）を持ち出して庭の木陰に三人小さくかたまって寝てしまった。私たちは三日の雨の夜から引続いて屋内に寝ることになっていたのだ。

小田原で生命拾いをしたこの三人の学生たちと同じトラウマ（心的外傷）は、ぼくにもあった。地震から五年ぐらい経った頃、京都の下宿で寝ていて震度4の地震が来たとき、ねまきの前をはだけ、はだしで道に飛び出し、あとから様子を見に出てきた近所の人たちにあきれられた。地震後三十年以上経っても、震度3か震度4で会社のスチールデスクの下にただ一人もぐり込んで笑われたりしたものだ。トラウマはたぶんまだ消えていない。

## 5

ぼくのいた町の死者・行方不明者が一六人と少なかったのは、火事を出さなかったからだ。被害の大きかった福井市では九〇〇人を超える死者を出しているのだが、その多くは焼死である。映画館にいて焼死した人もたくさんいた。

ぼくの母は地震が起こったとき、夕食の仕度をしていた。へっつい（かまど）に火を焚いていた。ドーンと来て台所に倒された母はまず火を消さなくてはと、倒れて割れた水がめに残っている水を、よろめきながらへっついの火にかけた。火の消えたのを見とどけ、裏の空地へ転がり出たという(母はその直後、川へ遊びに行った八歳の次男を探しに出た)。

ほとんどの家の主婦が、母と同じ行動をとっていた。なによりもまず、火を消そうとした。そして実際、火事はほんの二、三のボヤにとどまった。わずかの出火は消防団が懸命に走って消し止めた。

大火の記憶が町の人びとのなかにしっかりと根を張っていたからだ。昭和九年(一九三四年)九月九日、大聖寺の町は深夜から昼前にかけて強風で延焼をつづけ、約四〇〇戸が焼失した。その恐怖が人びとの心になまなましく生きていた。火がどれほど恐ろしいかをよく知っていたのだ。

町には戦争末期に都会から疎開して来た人たちもいたが、戦後三年にもなると、その人たちの多くは再び都会へ帰っていた。大地震のとき町に住んでいた大人のほとんどは、大火の記憶を持っていた。子供たちも親や兄姉から、その恐ろしさを教えられていた。人口流動の少なかった時代のなかで、とりわけ古めかしい町だったから、十四年前の大火の記憶はほぼ全町民共有のものだった。

まず火を消せ!

それは暗黙の諒解事項だった。

福井市をはじめ地震に遭った市町村の多くが火災による死者を出したなかで、大聖寺は家屋や石灯籠の倒壊による圧死者を出したにとどまった。そのことが当時、新聞などで喧伝され賞讃されたのだが、その背景にはかつての大火があったのだ。その記憶の共有があったのだ。

消防団は団長以下、自分の家をかまわず、倒壊しそうな本部建物からポンプ車を路上に出して防火体制を敷き、S団長は波のように揺れつづける火見櫓に登って、火災を発見すると同時に消火隊を走らせ、また倒壊家屋からの負傷者の救助にあたらせた。

ぼくの手もとに、地震当時金沢の大学病院で看護婦をしていた人の手紙がある。この人の実家は大聖寺にあったのだが、交通が杜絶していて帰れない。三日目に小松まで汽車が動くというので、それに乗った。乗ってみるとさらに先の、大聖寺の手前二つ目の駅まで行ってくれ、そこから歩いたという。

彼女の目に映った大聖寺は瓦礫の山だった。「敷地橋の上からながめた大聖寺の町はほとんど倒れて見通しの良い瓦礫の山といった感じがしました」

もし、大聖寺が地震後に火災を出していたら、この女性の見た光景は別のものだっただろう。まだあちこちに火と煙が上がっていたかも知れないし、燃えくすぶるなかに多くの死体を見たことだろう。（彼女の実家の鉄工所はつぶれ、住いは残ったという。彼女の父は機械につかまりながら玄関まで出て、振り返ったら今いたところがつぶれていたそうだ。）

地震の夜、福井の方角の空が赤く燃えていた。その三年前、福井市が空襲を受けた夜はさらに赤く、空の半分が燃え、赤い空に低く、わが町の頭上でB29が旋回していた（福井市の死者は地震のときより空襲のときのほうが多い）。

## 6

父は山の畑に行っていた。食べものの乏しい時代だった。食べものの点から言えば、地震に遭って急に食生活が貧しくなったことはない。地震の有無にかかわりなく、最低限の食事しかとれなかった。父があの日行っていた山の畑は、ぼくもよく一緒に鍬をかついで行ったものだが、町からすこし離れた山の開墾地だった。食糧の足しにサツマイモやカボチャを作っていたのだが、痩せた荒地のためにろくな作物はできなかった。筋だらけの水っぽい、味のないサツマイモなどを、空きっ腹の足しにしていたのだ。山に入ってリョウブの木の若葉を採ってきて、ひとつまみの米粒と一緒に釜で煮て食べてもいた。

あの日、父はひとりで山の畑へ行っていた。ほかに誰もいない開墾地が時化の海の波のように揺れたそうだ。父は畑の脇の肥溜めの蓋に乗って、地割れの中に落ちるのをまぬがれ、揺れが小さくなるのを待ってから、濛々と土煙のたちこめる山を下りてきたのだが、途中のトンネルが崩れていて通れなかったので、山に登り藪を漕いで辛うじて里に下りたという。里で出会った人の話では、大聖寺の町は全滅したとのことだった。

父は、家族全員の死を覚悟したという。自分だけが助かってしまった淋しさに耐えきれなかったようだ。だが、ぼくたち家族のほうでは、なかなか帰ってこない父のことが心配だった。山にいては到底助からないだろうと、ぼくもひそかに父の死を覚悟していた。父は暗くなってから帰ってきた。

家族みんなが無事となれば、ひっきりなしの余震におびえながらも、気持ちが暗くなることはなかった。余震の合間を見て家に入り、必要最小限のものを持ち出してきた。赤チンで傷の消毒をして、まずしい食事をすませた。いつも貧しい食事だから、地震の日が特に貧しかったわけではない。(いま東京のぼくの家では地震のときに備えて各自のリュックを常備しているが、その中味の優先順位は消毒薬などの薬品類、照明具、ライターとマッチ、ラジオ、現金の順で、飲料水と食糧には重きを置いていない。)

ふたたび言うが、貧しい時代だった。失うものの少ない時代だった。生命さえ助かれば、ほかに失って惜しむほどのものはたいしてなかったのだ。十六歳のぼくなどは、不謹慎な言い方かも知れないが、緊張感のなかで興奮し、はしゃぎだす心を抱いていた。

半壊の家がつぶれる恐れがあるほどの大きな余震が来なくなると、何日目だったからか、また家に入って暮らしはじめた。大工の手が足りなかったので、父とぼくとで家の仮補強をしながらだった。屋根裏に上って、蜘蛛の巣を顔にひっかけたりして、はすかいの厚板を打ち付けるなどした。

福井市があの地震から三十年目の昭和五十三年（一九七八年）六月二十八日に刊行した『福井烈震史』という、枕になるくらいの大きな本がある。地震から一年目の震災記念日に福井県が発行した『福井震災史』と共に、福井地震についての詳細な資料を収めているものだが、この本によると、ぼくのいた大聖寺町の家屋倒壊率は四〇パーセントである。表に挙げられている四〇市町村のうちでは、さいわい、倒壊率の低いほうであった。

福井市の倒壊率は八七パーセント。震源に近い丸岡町、森田町、春江町のほか六つの村では一〇〇パーセントである。

ぼくの家が倒壊をまぬがれたことと、ぼくの町が火災を起こさなかったことなど、いくつかの幸運のおかげではあったが、地震につづく日々は暗いものではなかった。

# 7

学校の授業はなくなり、被害の大きい近村へ手伝いに行く毎日が始まった。壊れた家の取り片づけが主な仕事である。

自分の家が全壊の者は自分の家のために働くようにせよ、自分の家が半壊以下の者は出て来い、という学校の指令で、M校長に従って海辺の村々へ出かけた。

ぼくは大聖寺川河口の塩屋村へ出かけた。『福井烈震誌』によると倒壊率七八パーセントの村だが、ぼくの記憶では全村が壊滅状態だった。

毎朝、大聖寺川の堤防道を一時間半ほど歩いて塩屋村へ出かけた。道の大半が深く陥没していた。道の両端の雑草の生えたところだけが残っていて、そこを辿って行く。草の根の力に目を見張らされたものだった。

壊れた家々の屋根瓦や材木を取り片づけてゆく。根気のいる仕事だった。炎天の下、あたりに異臭が漂っている。倒壊家屋の便所の臭いもあったのだろうが、人や動物の死臭もまじっていたのだろう。取り片づけてゆく家の下から遺体を収容することもあった。炎暑と異臭で食欲を減退させながらも、炊き出しのにぎりめしはひどくうまかった。家を失った村の主婦たちが苦労してぼくたちのために作ってくれたのだろう。そのころはめったに食べることのできなかった、本物の米のにぎりめしだった。そして夕方になると、近くの北潟という湖水でひと泳ぎして、からだについた異臭を流し、また崩れた土手道を歩いて帰って来た。

当時の新聞記事などいろいろの資料をあとになって見ると、他府県からの救援がさまざまあったようだ。大学生たちも駆けつけている。だが、ぼくの町にも近くの村々にも、それらしいものは見られなかった。自分たちの力でなんとかしなければならなかった、というより、よそから助けに来てくれるなどとはほとんど思っていなかった。

さきに引いた若山牧水の「地震日記」にも、全滅の小田原から逃げてきた学生が、こんなふうに言っているところがある。

「何しろ町中全部が焼けたものですから食物が無いのです、救助米が多少廻ってるのですけれど、如何してだか東京方面を主にして小田原などにはほんの申訳ばかりにしかよこさないのです（以下略）」

関東大震災で救助の手が東京方面に多くさしのべられ小田原はほとんど忘れられていたように、福井地震では福井市を中心に救援が行なわれ大聖寺や塩屋などはあとまわしになっていた。いまになってそれを恨むというのではない。見方によれば、自分たちの力だけで立ち直ってゆく道を与えられていたわけで、かえって幸運であったかも知れない。

ぼくの目に映った救援の一つは、近くの町からの給水車だった。ただ、それはごくわずかなもので、それよりもぼくの家の裏の井戸にバケツを手にした人びとの長い行列がつづいていた。当時は水道がなく井戸水で暮らしていた時代だ。地震で大半の井戸が崩壊したり、水路が変わって涸れ井戸になったりしたのだが、御前水と呼ばれていた江戸時代からの井戸であるわが家の井戸は、数少ない無傷の井戸の一つだった。

もう一つの救援は進駐軍によるものだが、これも井戸と結びついた記憶になっている。数台のジープでやってきた米軍兵士たちが、米軍用の缶詰食品をわずかながら各戸に配ってくれた。その彼らが数日、うちのすぐ近くの役場横の道にジープを停めて野営していた。朝になるとうちの井戸に来て顔を洗ってゆく。ぼくは初めて目にしたアメリカ人に、こわさよりも好奇心が勝って、かたことの英語で話しかけたものだった。ぼくの初めての異文化体験だった。

よそからの救援は、ぼくの知るかぎり、それだけだった。地震の前と変わらない貧しい食事の日々がつづいていった。父とぼくは、やがてまた山の畑へ芋を作りに出かけていた。

# 8

福井県北部にある丸岡町の郊外、水田地帯の用水路脇に、「福井大地震震源地」の石柱が建っている。ここから南西約十キロメートルに福井市があり、北東十数キロメートルにぼくのいた大聖寺町がある。

震源の深さは約三三キロメートル。あの地震から四十七年経って、ぼくは初めて震源の上に立ち、かつての日、この大地の底からあの大揺れが始まったのかと思うと、なにか身体が揺れてきそうな奇妙な感覚に襲われた。

地下のその震動が、この大地を揺らし、水田のひろがるこの平野を波立たせ、平野をめぐっている山々をも鳴動させ、峠の向こうのわが町を揺り動かした。その光景が幻視されそうな気分のなかで、やはり思わないではいられないのが、今年(一九九五年)一月十七日の阪神大地震だった。

福井地震震源地の石柱のところに立った日の半月ばかり前、三月のはじめに神戸市東灘区で地震に遭った友達を訪ねた。友達は額の脇に傷を負っていて、「あわや藤田東湖になるところだった」と笑っていた。安政二年（一八五五年）の江戸大地震で圧死した藤田東湖になぞらえることで、心の衝撃の大きさをかわそうとしたのかも知れない。彼の照れ笑いが、ぼくにそう感じさせていた。

一九四八年の福井地震と一九九五年の阪神大地震の両方に遭った人たちも多い。なかには、新潟地震と合わせて三回、大地震に遭ったという高校同級生もいる。

「日本小説をよむ会会報」三八七号（一九九五年三月四日）に、荒井とみよ氏が「めちゃめちゃ」いうエッセーを書いておられる。この方も福井地震と阪神大地震の両方に遭った人だ。なかに、こんなところがある

> 昭和二十三年の福井大震災も経験しているので、妹などは姉さんは地震の性かもしれないという。一週間ほど揺れ続けていたように思う。寝惚けたわたしが逃げ惑うのを、祖母が「逃げるところはないんだよ」といって胸に抱き締めてくれた。大地は揺れ動くものだと深く心に刻んだものである。

地震は規模も性質もいろいろだ。災害の様相もさまざまだ。季節や時刻によっても地震の表

情が変わる。そして、それ以上に、時代によっていろんな相貌を見せるのが地震というものなのだろう。時代によって暮らし方がちがい、人びとの心のありようがちがう。暮らし方と心のあり方——すなわち文化というものが、地震という大地の激動のときに鮮明になる。

半世紀前の地震と現代の地震とを同じ物尺(ものさし)で比べることができないのは、この半世紀で日本人の暮らし方と心とが共に大きく変わってしまったからだ。半世紀昔と一世紀昔とは、ほほ同じ文化を生きていたのだが、いまは暮らし方も心もその変化に加速度がついている。もしもこれから半世紀後に大地震が起こるとしたら、そのときの地震の顔がどんなものであるか、全く想像できない。

浅間山天明大噴火

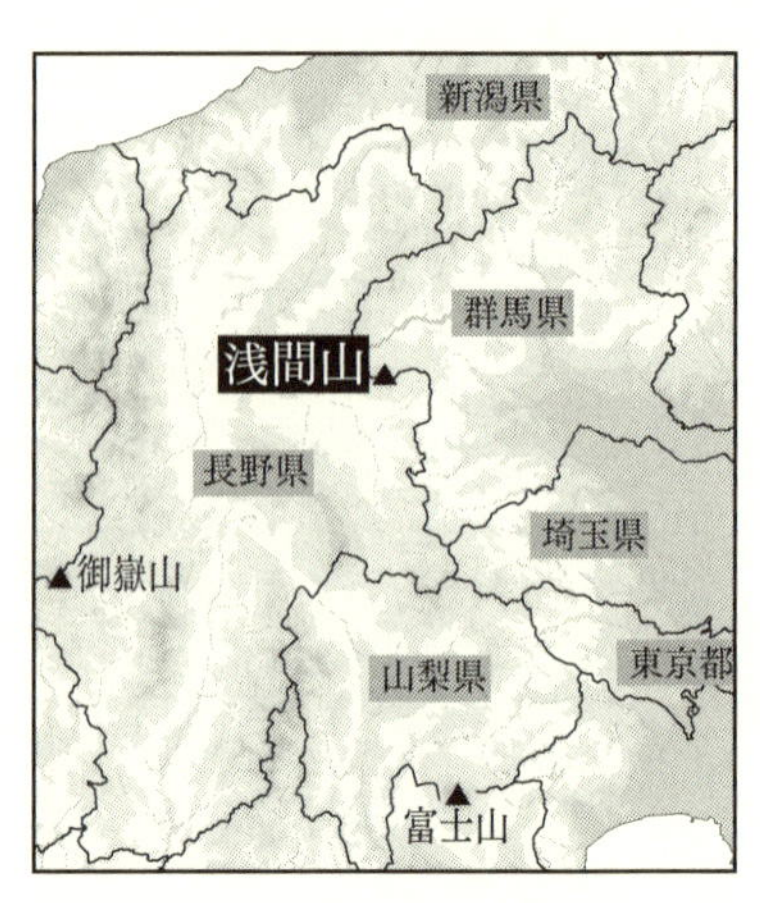
新潟県
群馬県
浅間山
長野県
埼玉県
御嶽山
東京都
山梨県
富士山

群馬県
草津町
鎌原
吾妻川
嬬恋村
浅間山
軽井沢
長野県

# 1

浅間の鬼押し出しを歩くのは、これで三度目だ。最初に行ったのは四十年ばかり前で、二度目は十年ほど前だった。

そのたびに驚かされた。最初のときは、どこを見ても岩石だらけの荒涼とした風景に驚いた。剝き出しの熔岩原を歩くのは初めてのことだった。天明三年（一七八三年）の浅間山大噴火で流れ出た熔岩が冷えかたまって奇怪な岩石群を作っているのだが、数キロメートルの遊歩道を歩くあいだ、ほとんどどこにも草や木を見なかった。生命の感触が消えている世界であった。そして二度目、同じ遊歩道を歩きながらそこにあまりにも多くの草や木が生えているのに驚いた。たった三十年くらいで、熔岩原の風景は一変していた。裸岩だらけの光景をカメラに収めようとしても、そういうアングルを見つけるのはむつかしかった。岩のくぼみに草が茂り、岩の割れ目から木が伸びていた。そして三度目の今度は、すでに草木におおわれている岩石群さえあり、あちらこちらに花が咲き、展望台から見下ろすと熔岩原のほぼ全域が岩の暗色よりも草木の緑の明るさを帯びていた。花々には虫が飛び交っていた。熔岩原はすでに生命の舞台となっていた。

四十年前に歩いたときにも、岩かげなどにはたぶん地衣(ちい)類や蘚苔(せんたい)類が生命のきざしを見せていたのだろうが、全体の印象は無生命の世界であった。天明三年の噴火から約百七十年が経っていたけれども、まだ荒漠とした熔岩原だったのだ。剝き出しの巨岩奇岩の打ちつづく広大な斜面だった。

二世紀に近いその時間をかけて、熔岩原はその生命の場をゆっくりと用意してきたのだ。かつて森におおわれていた浅間山北斜面が、大噴火の流出物で焼きはらわれ、流れ出た熔岩で埋めつくされて無生物界になってしまったのだが、それは終わりではなくて始まりだったのだ。

熔岩原に雨が降る。熔岩のなかでもぎざぎざして隙間の多い岩々に雨が浸み込み、やがてその湿った岩に風に乗ってやってきた地衣類の胞子が着床し、さらに蘚苔植物が棲みはじめる。強い風の吹く日には、熔岩原のまわりの森から木の葉が散って来る。土や砂も吹き飛ばされてくる。熔岩原の上を飛ぶ鳥や熔岩原の岩に羽をやすめた鳥たちが、糞を落としてゆく。それらが岩と岩との隙間なり、岩の割れ目やくぼみなどに、ほんの少しずつだが土を作ってゆく。地衣類や蘚苔植物が枯れ落ちて、土の一部分になってもゆく。熔岩原の上空を飛び過ぎながら死んで落ちる虫たちの遺骸も、土のこやしになる。

そんな僅かの土に草木が生えてくる。草木の種子は風が運んできたり、鳥の落とす糞にまじっていたりする。そのなかの荒地好みの植物が、熔岩原のあちこちに芽生えてくる。浅間山北斜面は冬の寒気のきびしいところだが、それでも大噴火からおよそ二百年後には、目に立つほどの草木を育てはじめたのだ。そうなると早い。ぼく自身の目で見たこの十年ばかりの草木の育ち方は、まったく驚くほかない早さだった。

## 2

富士山の北側の裾野に青木ヶ原樹海がひろがっている。周囲十六キロメートルものこの大きな森は、かつての熔岩原の上に育っている。実際、青木ヶ原樹海に入って、遊歩道からはずれて森の中へ足を運んでみると、落葉がつもり岩にびっしり苔の生えている林床(りんしょう)で、踏み出した足が思いがけず深く沈んでゆく。岩と岩とのあいだの土は、一見したところは安定しているようだが、実はその下は落とし穴のようになっている。へたをすると踏み抜いた足が岩と岩との狭い隙間に嚙み込まれて抜けなくなるおそれさえある。

この熔岩原に植物が茂りだしたのはいつごろのことなのだろうか。いまは樹海と呼ばれているこの森が、かつて一度、見渡すかぎりの無生物岩石群であったことを、頭では分かっても実感するのにはかなりの想像力が必要となる。浅間山の鬼押し出しが樹海になるのはまだ先のことだろうが、青木ヶ原樹海が鬼押し出し熔岩原の将来の姿を見せているはずだ。

青木ヶ原樹海は熔岩流出から千年以上の時を経ている。そのときの噴火は富士山噴火史のなかでも屈指のものだった。貞観(じょうがん)六年(八六四年)、富士の中腹から大熔岩流が流れ、山麓で扇状にひろがって熔岩流末端は御坂(みさか)山地にまで到達した。

山麓から裾野にかけての森を焼きつくし埋めつくし、熔岩流に堰き止められて三つの湖が生まれたのもこのときの噴火だった。西湖、精進湖、本栖湖が生じたのだった。それから千百年あまり経った今は、青木ヶ原も三つの湖もおだやかな美しい景勝を見せているのだが、或る時代の風景は浅間山の鬼押し出しとよく似ていたことだろう。

熔岩原が森に変わるための年月は、それぞれの土地の気候に左右される。植物の生育にはほどよい気温とじゅうぶんな降水量が必要だ。日本列島は全体として植物の生育に適した気候だが、極度の寒冷地や極度の乾燥地では、熔岩原に森が生まれることは期待できない。低温乾燥地での噴火の場合は、たとえ噴火以前にそれなりの植物群があったとしても、そこへ戻るにはよほどの年月がかかるだろう。

浅間山天明噴火とおなじ頃、八丈島の南方海上にある小さな島、青ヶ島が、大噴火を起こしている。安永九年（一七八〇年）の噴火から毎年噴火がつづき、浅間山と同じ天明三年（一七八三年）に大噴火、天明五年（一七八五年）に最大の噴火となり、その後半世紀にわたって無人島となっていた。その青ヶ島は今、全島が息づまるほどの緑におおわれている。噴火の傷あとはほとんど見えない。冬も暖かく、雨量もたっぷりの青ヶ島では、浅間山よりはるかに早く草木が茂ったのだ。大噴火のときに辛うじて生きのびた人びとが脱出して八丈島で暮らし、五十年後の天保六年（一八三五年）に故郷の島への還住を果たしているのだが、その五十年という歳月は人間にとっては長すぎるけれども、浅間山鬼押し出しを思えば、ずいぶん短い。青ヶ島の植物生育力が弱ければ、還住がもっと遅れたか、もしかしたら還住不可能だったのではないだろうか。

北九州のかつての炭鉱地帯で、ボタ山が緑におおわれているのを見てびっくりしたことがある。平地に円錐状の小山が立ち、そこに草木が茂っている。それが昔のボタ山だった。廃鉱から三十年前後、ボタが積み上げられなくなったボタ山が自然に緑の山になったのだ。日本列島の植物再生力の大きさを目にしたわけだが、なかでも九州の気候はボタ山にほんの数十年で草木を生えさせるほどのものなのだ。

## 3

天明三年の浅間山噴火は旧暦四月九日に始まった。噴火はしだいに激しくなり、七月に入ると浅間山東南麓の軽井沢宿では家々が火山弾で焼けたり、降り積もる軽石と灰とで潰れたりした。七月六日から八日にかけては、爆発の轟音がひびき、雷電が走り、大地は揺れ、朝になっても昼を過ぎても闇夜と変わらぬ暗さだったという。

三ヶ月にわたる噴火の経緯については種々の記録があるのだが、ここでは最後の三日間の大爆発の概要を、大石慎三郎著『天明三年浅間大噴火』から引くことにする。

七月六日の午後二時ごろから、いままでには見られないような激しい噴火が始まり、大量の軽石を降らせたが、それが終わった六日の夜から七日にかけて、火口から灼熱した大小の熔岩流が浅間北側の火口壁を越えて流出し、山体の東北側に流れでて地表を覆った。現在の北軽井沢別荘地帯南部を覆っている吾妻(あづま)火砕流と呼ばれているのがそれである。

翌八日午前十時ごろ、「信州木曾御嶽(おんたけ)・戸隠(とがくし)山あたりから、光るものが浅間山の火口に飛び入り山がむくむくと動き出したかと思うまに」(『浅間焼出大変記』)、一大音響とともに浅間山は再度大爆発をおこし、幅三〇間、高さ数百丈にも及ぶかと思われる火煙を噴き上げたが、それが北側に崩れ倒れかかったかと思う間に火口から噴きでた多量の熔岩流が、今度はまっすぐ北側に急斜面を滑りおち、途中の土砂岩石を巻き込みながらその量を増し、あっという間に火口から約一五キロ北にある鎌原(かんばら)村を埋め尽くし、さらに下って利根川の支流の吾妻(あがつま)川までなだれ落ちて行った。鎌原火砕流というのがこれである。

つづいて浅間山は、今度は粘性の濃い熔岩流を火口から吐きだし、さしもの大噴火も同日午後一応の終わりをみせている。この最後の部分が、今日〝鬼押出(おにおしだし)〟の名で知られている〝鬼押出熔岩流〟である。

当時は「山焼け」とか「大焼け」と呼ばれていたのだが、この大噴火によって、一三七七人の人命が失われている。火砕流に襲われた鎌原村の死者が四七七人と多いのだが、その火砕流が吾妻川になだれ落ち、沿岸の村々を洪水となってなぎはらったための死者もまた多い。浅間山の南側、軽井沢宿などでは家屋の大半が焼失したり倒壊したりしたけれども、死者はごくわずかであった。

死者数も流失焼失家屋数も、資料によって違いのあるのはやむをえない。右に挙げた数もその一例だ。これも不確かな数字で挙げておけば、浅間山麓の流失家屋一二六五戸、流れた馬五七〇頭。軽井沢あたりで一・五メートルも積もったという火山灰にいたっては、関東一円の田畑に被害を及ぼしている。江戸時代最大の飢饉である天明の大飢饉は、この浅間山大噴火が引き起こした異常気象による大凶作のためだという。その餓死者の数を二次被災者として加えたら、死者数は桁違いのものになる。

## 4

浅間山の北にある鎌原村では、四月以来のあいつぐ噴火をおそれながらも、それほどの大事には至らないだろうと思っていたふしがある。空を暗くする火山灰も家を焼く火山弾も山の向こうの軽井沢方向から東のほうへ降っていた。どこか対岸の火事を見るというような安心感があったのだろう。

近村の無量院住職が記したと思われる『天明三年浅間山噴火覚書』に、「七月八日大焼の事」の条がある。そこに、最後の大噴火の日のことが、こう書かれている（萩原進著『天明三年浅間山噴火史』より）。

八日昼四ツ半時分（午前十一時頃）少鳴音静なり。直に熱湯一度に、水勢百丈余り山より湧出し、原（六里ケ原）一面に押出し、谷々川々押払ひ、神社・仏閣・民家・草木何によらずたつた一おしにおつぱらひ、其跡は真黒に成。川筋（吾妻川沿岸）村々七拾五ヶ村人馬不残流失。此水早き事一時に百里余おし出し、其日の晩方長支（銚子）まで流出るといふ。此日は天気殊の外吉故、川押（洪水）、有べき用心少もなく、焼石ふるべき用心のみ致し、各土蔵に諸道具を入、倉に入昼寝抔致し居、油断真最中おもひの外にたつた一押しに押流し、（以下略）

火山弾にやられないよう、倉に入って昼寝などしているところを、一気に火砕流に襲われたのだという。

鎌原村を飲み込んだ火砕流がどういうものであったかは、諸説あって一定しない。熱雲とか熱泥流といった言葉も用いられているが、後年発掘された人骨や家屋の木材が焼け焦げていないことから、案外低温の火砕流だったのだろうとも言われている。無量院住職の手記では、火口からの流出物が山腹から山麓へ流れ下るときの模様を、こんなふうに記している。

大方の様子は、浅間湧出、押出、時々山の根頻りにひつしほ〱と鳴り、わち〱と言ふより、黒煙一さんに鎌原の方へおし、谷々川々皆々黒煙一面立、よふす（様子）しれかたし。

鎌原村はおよそ六メートルもの厚さで火山流出物に埋められた。鎌原村の当時百戸ほどとみられる家々はすべて地中に埋めつくされた。

鎌原村は谷底にある。谷をはさんでいる東西の丘陵に立てば浅間山が遠望できるが、谷底の村からは南側の丘にさえぎられて浅間山は見えない。いま谷の西側の丘に建っている嬬恋郷土資料館の屋上から、眼下に旧鎌原村のあたりを、そして右手に村の南側の丘を、さらに右手はるかに浅間山を眺めれば、大噴火のときの鎌原の人びとの「油断」はもっとものことと思える。浅間山は鳴動をつづけていても、村のなかからは浅間山は見えない。浅間山からの距離もずいぶんある。万一、山からの押し出しがあっても途中で止まるだろう。よほどの押し出しでも、まさか村の背後の丘まで乗り越えてくることはないだろう。七月八日の大噴火の日は、さすがに焼石落下の用心はして、倉のなかで噴火の鎮まるのを待ったのだが、その村を一気に埋没させる火砕流が走ったのだった。

そのとき鎌原村の人口は五百数十人であったとみられる。山村にしては大きな人数だが、それはこの村が宿場の性格を持っていたためと思われる。上州（群馬県）と信州（長野県）を結ぶ交通の要所となっていた村なのだ。中山道の脇街道の宿場として、また、沓掛宿から草津湯への道筋の村として、狭い土地にもかかわらず約百戸の家があり、五百数十人もの人びとが暮らしていた。

天明三年七月八日の浅間山火砕流は、この村のすべての家と大半の人命を奪うものだった。

死者　四七七人
生存者　九三人

いくつかの記録を照合すると、右の数字になるという。生存者は高台にある観音堂へいち早く逃げ登った人とか、山仕事をしていた人びと、あるいは他村へでかけていた人たちだろう。その詳細は不明である。家が観音堂の石段に近かった人の多くは、石段を駆け登って助かっているだろう。生存者は九三人よりもう少し多く、村の消滅後他地へ移った人びとがあったとする見方もある。

浅間山の北の裾野に栄えていた鎌原村は、こうして一日のうちに消失した。地中に、家も人も埋没したのだった。

## 5

一九七九年から数次にわたって、鎌原埋没村落の発掘調査が行われている。

発掘地点の一つが鎌原観音堂の石段下であった。村人の伝承では百二十段とも百五十段とも言い伝えられてきた石段で、天明噴火のさいに上部の十五段だけを残してあとは埋もれてしまったとされていた。

村を見下ろす位置にある観音堂だ。観音堂まで逃げることができれば助かる。石段をわれがちに登る人びとが想像されるのだが、掘り下げてみて出土した遺骨は二体だけだった。

掘り下げてゆくと全部で五十段の石段のあったことが分かった。そのうち三十五段が地中に埋もれ、十五段が地上に残っていたのだ。

地表から約五メートル下に最下段があった。その最下段と二段目にかけて、二体の人骨があった。一体は五十歳代とみられる老齢の女性、もう一体は三十歳代と推定される女性のものである。若いほうの女性が老いたほうの女性を背負った形で倒れていた。二人の女性の関係は不明だが、復顔をしてみると二人とも面長（おもなが）の美人で、よく似ていた。村の農婦にしてはおっとりと品がよい顔立ちなので、あるいはどこかの商家の女性たちが草津へ湯治に行くところか帰るところかであったのだろうという見方もできる。また一方で、残存着衣からみて富裕な家の女性ではない、上臈骨（じょうはくこつ）からは激しい肉体労働の日々がうかがえる、といったことから、鎌原村に住んでいた女性たちだろうという推定もなされている。

若いほうの女性が老いたほうの女性を背負っていて、石段の登り口で転んでしまって火砕流なり泥流なりに飲まれてしまったのだろうか。そのとき彼女たちのほかにも石段を駈け登った人びとが大勢いて、その人たちはみんな登り切って助かったのだろうか。

その記録がないので一切は不明だ。発掘された遺骨の状況からあれこれ想像するだけのことしかできない。彼女たちが石段を登ろうとした最後の二人であったのかどうか。倒れている彼女たちの脇を一目散に駈け登った人たちがいたのかどうか。おぶわれていた女性が若い女性に、もういいから私を置いて逃げよと言ったかどうか。そんな間があったかどうか。郷土資料館で発掘当時の写真と二人の復顔模型とを見ていると、あれやこれや想像したくなってくるけれども、それは二百年前の死者に対して申訳ないことかとも思う。

埋没した家々や土蔵の中、そしてまた村の道に、いまも多くの死者が骨となって横たわっているはずだ。二人の女性に、そして鎌原のすべての死者に、合掌。

アメリカの女性作家ジーン・アウルは、大河小説『始原への旅だち』の第一部「大地の子エイラ」を、激震に襲われて洞穴住居が崩壊したクロマニヨン人部族のただ一人の生き残りである少女を、通りかかったネアンデルタール人部族が拾い上げるところから書き出している。三万年前の人類を描く小説のための虚構ではあるが、人類史のなかにはそういうふうにして激しい自然変動によって地中に埋められた死者たちが、ずいぶん多いことだろう。

イタリア南部の古代都市ポンペイは、西暦七九年のベスビオ山大噴火によって埋没した。軽石と火山灰が平均七メートルの厚さで町を覆ったのだ。発掘されたポンペイから約二千人の遺体が発見されている。鎌原を襲った火砕流とちがって火山噴出物の降下による埋没なので、当時二万人と推定される住民の大半は脱出しているようだ。ともあれ、鎌原は一つの村、ポンペイは一つの都市が、まるごと地中に埋没した。死者たちがそこに眠る。

# 6

江戸時代後期に奉行職を歴任した根岸鎮衛（やすもり）という人が、『耳嚢（みみぶくろ）』という随筆集を残している。同僚や古老などいろいろな人から聞き集めた珍談奇談を書きつけたものだ。そのなかに、天明三年の浅間山大噴火について述べているところがある。

上州吾妻郡蒲原村（かんばら）（鎌原村）は浅間北裏の村方（むらかた）（農村）にて、山焼（やまやけ）の節泥火石を押出し候折柄（おりから）も、譬（たと）へば鉄炮（てつぽう）の筒先（つつさき）といへる所故（ところゆえ）、人別（にんべつ）三百人ほどの場所、纔（わずか）に男女子供を入（いれ）九拾三人残りて、跡は不残（のこらず）泥火石に押埋められ流失せし也。

人口三百人の村というのは伝聞のための誤りだろうが、生存者九十三人という数は諸記録とも符合している。浅間山大噴火は江戸の町にも火山灰を降り積もらせ、瓦版がつぎつぎ噴火の様子を報じていたが、根岸鎮衛は中央官僚として情報を入手していたようだ。同僚と相談して、鎌原村生存者への援助を行なった近隣の村々の有力者三人を表彰している。

……依之誠に其残れる者も十方に暮居たりしに、同郡大笹村長左衛門・干俣村小兵衛・大戸村安左衛門と云者奇特成物共にて、早速銘々え引取はごくみ、其上少し鎮りて右大変の跡へ小屋掛けを二棟しつらへ、麦・粟・稗等を少しづゝ送て助命為致ける内に、公儀よりも御代官へ御沙汰ありて夫食（食糧）等の御手当ありける也。

現在は鎌原とおなじ群馬県吾妻郡嬬恋村に入っている大笹・干俣・大戸の三ヶ村が、鎌原の生存者九十三人を、まずそれぞれの村に引き取り、その後埋没した村の跡地に小屋を建てて九十三人を住まわせ、食べものを継続して送っていた。幕府による援助はそのあとのことだった。

三ヶ村の有力者は、住居と食糧の援助だけではなく、鎌原村生存者による村の再建に助力している。

……右小屋をしつらいし初め三人之者共工夫にて、「百姓は家筋・素性を甚だ吟味いたし、たとへ当時は富貴にても元と重立候者に無之候ては坐舗えも不上、格式・挨拶等格別にいたし候事なれど、かゝる大変に逢ては生残りし九十三人は誠に骨肉の一族とおもふべし」とて、右小屋にて親族の約諾をなしける。

農村は家柄格式がものをいう社会だ。江戸時代はことにそうだった。鎌原村の生存者九十三人が被災前の家柄格式にこだわっていたら「家」も「村」も再建できない。三人の有力者は、家柄格式を排除して身分差なしの新鎌原村を発足させたのだ。生存者全員が「骨肉の一族」であるという約束を交わさせた。

……追て御普請も出来よりて尚亦三人の者より酒肴抔送り、九十三人之内夫を失ひし女えは女房を流されし男を取り合、子を失ひし老人えは親の無き者を養はせ、不残一類に取合せける。誠に変に逢ひての取計ひは面白き事也。

夫を失った女と妻を亡くした男を新しい夫婦とさせ、息子を奪われた老人は親が死んでしまった若者と新しい親子の縁を結ばせるなど、九十三人すべてを新家族に編成したわけだ。個々の組合せにはむつかしいこともあっただろうが、天明三年十月二十四日、大噴火から三ヶ月あまりを経た初冬の日、埋没した村の上に建てられた新しい家で、新しい夫婦、新しい家族の縁組みを祝う祝典が開かれた。新しい村の出発だった。新しい共同体が廃墟の地に生まれた。

根岸鎮衛は同僚と相談して、鎌原村再建に尽力した三人を表彰するよう上申した。三人の有力者には白銀が下賜され、一代限りの帯刀が許され、名字の使用は子孫まで許されることになった。

根岸鎮衛は、右の三人のうち特に干俣村の小兵衛について追記している。小兵衛は三人のなかでは家柄が低く、村の商人なのだが、浅間山焼（やまやけ）に際して、こう言ったという。

「我等の村方は同郡の内ながら隔（へだた）り居（おり）候故、此度（このたび）の愁（うれい）をまぬがれぬ。しかし右難儀の内へ加（くわわ）り候と思はゞ、我身上（わがしんしょう）を捨（すて）難儀の者を救ひ可然（しかるべし）」

全財産を投じてでも被災者を救うべきだという強い決心である。米の値段が高騰している年であったが、小兵衛の署名捺印があれば近辺の村々で米の取引を断わる者はいなかったという。三人の有力者は表彰のため江戸へ呼び出され、そのとき根岸鎮衛も三人に会っている。小兵衛について彼は、頭の切れる商人という印象ではなく、「誠に実体（じってい）なる老人」と見ている。

いい話である。こういう援助者なしでは、鎌原村の生存者が村を再建することはできなかっただろう。ことによると、九十三人は散り散りにどこかへ流れて行き、鎌原村埋没地は無人の荒地のまま放棄されていたかも知れない。

## 7

大噴火から一世紀を経た明治時代のはじめに、「浅間山噴火大和讃（だいわさん）」が作られた。新しい鎌原村がすでに安定した社会を形成していたのだろう。毎年旧暦七月八日に村の人びとが観音堂に集まって、この大和讃をとなえ、天明三年の死者の霊をなぐさめている。

七十行を超える長い和讃が、噴火と火砕流の模様や、被災後の生存者の悲しみなどを語るのだが、その途中をすこし引いてみる。

ついに八日の巳（み）の刻に
　天地も崩るるばかりにて
噴火と共に押し出（いだ）し
　吾妻（あがつま）川辺銚子まで
三十二ヶ村押し通し
　家数（こすう）は五百三十余
人間一千三百余
　村村あまたある中で
一（いち）のあわれは鎌原よ
　人畜田畑家屋まで
皆泥海の下となり

牛馬の数を数うれば
一百六十五頭なり
　人間数を数うれば
老若男女諸共に
　四百七十七人が
十万億土へ誘われて
　夫に別れ子に別れ
あやめもわかぬ死出の旅
　残り人数九十三
悲しみさけぶあわれさよ

この先に、小兵衛ら三人の援助による新しい家と村の発足も語られている。

隣村有志の情にて
　妻なき人の妻となり
主なき人の主となり
　細き煙を営みて

だが、死者たちへの思いは断てない。誰も彼も夜ごとに、死んだ人たちの悲鳴を聞く。大和讃は、村人たちがついに江戸の東叡山に哀訴して多数の僧侶に来てもらい施餓鬼（せがき）供養を営んでもらったことを語っている。夜ごとの死者たちの悲鳴は、ぴたりと止んだという。

住民の八割以上を失った村が、ふたたび日常の暮らしをつづけるには、ほかにもさまざまの困苦があったにちがいないが、生存者の心の安定がとりわけむつかしいことだっただろう。大施餓鬼による死者たちの鎮魂は、そのための欠かせない一歩だった。

## 8

浅間山は三重式コニーデ型火山だ。いちばん古い第一外輪山でも数万年を経ているにすぎない若い火山である。現在も噴火をくりかえしている火山だから、山容はこれからも変化してゆくことだろう。天明三年の大噴火が鬼押し出し熔岩原を作り出したが、享禄四年（一五三一年）の大噴火も天明噴火に匹敵するものだったようで、大小の岩石が二里四方にひろがったと記録されている。このときは冬の噴火だったため、積雪を巻き込んで川に流れ、大洪水を引き起こしている。宝暦五年（一七五五年）の噴火では、新しく中央火口丘が出現している。現在の浅間山頂である。このときの被害も大きく、「佐久郡滅亡」とまで言われている。その二十八年後に天明大噴火が起こるのだが、最近でも昭和四十八年（一九七三年）に大爆発を起こしている。浅間山は今も活動をつづけている火山で、山頂部周辺は登山禁止となっている山だ。

寺田寅彦が昭和八年の『週刊朝日』秋季特別号に、「浅間山麓だより」を書いている。そのなかに鬼押し出しを初めて訪ねる記述があるのだが、その年は天明の大噴火から百五十年、ぼくが最初に鬼押し出しを歩くより二十年ばかり前のことだから、おそらくあたり一帯草も木も見えなかっただろう。こんなふうに書いている。

鬼押出熔岩の末端の岩塊をよじ登って見た。この脚下の一と山だけのものでも、人工で築き上げるのは大変である。一つ一つの石塊を切り出し、運搬し、そうしてかつぎ上げるのは容易でない。しかし噴火口から流れ出した熔岩は、重力という「鬼」の力で押されて山腹を下り、その余力のほんの僅かな剰余で冷却団結した岩塊を揉み砕き、つかみ潰して訳なくこんなに積み上げたのである。

自然の力のすさまじさ、巨大さを、目前にするのが、鬼押し出しという浅間山腹熔岩原だ。その光景を見ながら、自然は優しい、などと口にすることはできない。

もちろん、心を安らがせてくれる自然はある。ブナの自然林にいるときなどは、その好例だし、また、わざわざ山や海に行かなくても、たとえば夏の夕風に自然の優しさを感じることはできる。しかし、天明三年の浅間山噴火のような荒々しい力を見せるのも自然なのだ。

ぼくたちは、そういう自然のなかに生きている。生かされている。そうして時に、自然のすさまじい力で生命を失いもする。

浅間山の噴火の記録は、古くは七世紀にさかのぼり、九世紀頃からはしきりに「大焼」が記述されている。そのたびに失われた人命は、合わせればどのくらいになるものか見当もつかない。浅間山はたくさんの人命を奪ってきた。それが、自然というものだ。

けれども人は、浅間山を憎みはしない。失われた生命を悲しみながら、やはり浅間山という山を崇め、山のめぐみに感謝して生きてきた。その心は、今も変わらないだろう。

# 伊勢湾台風

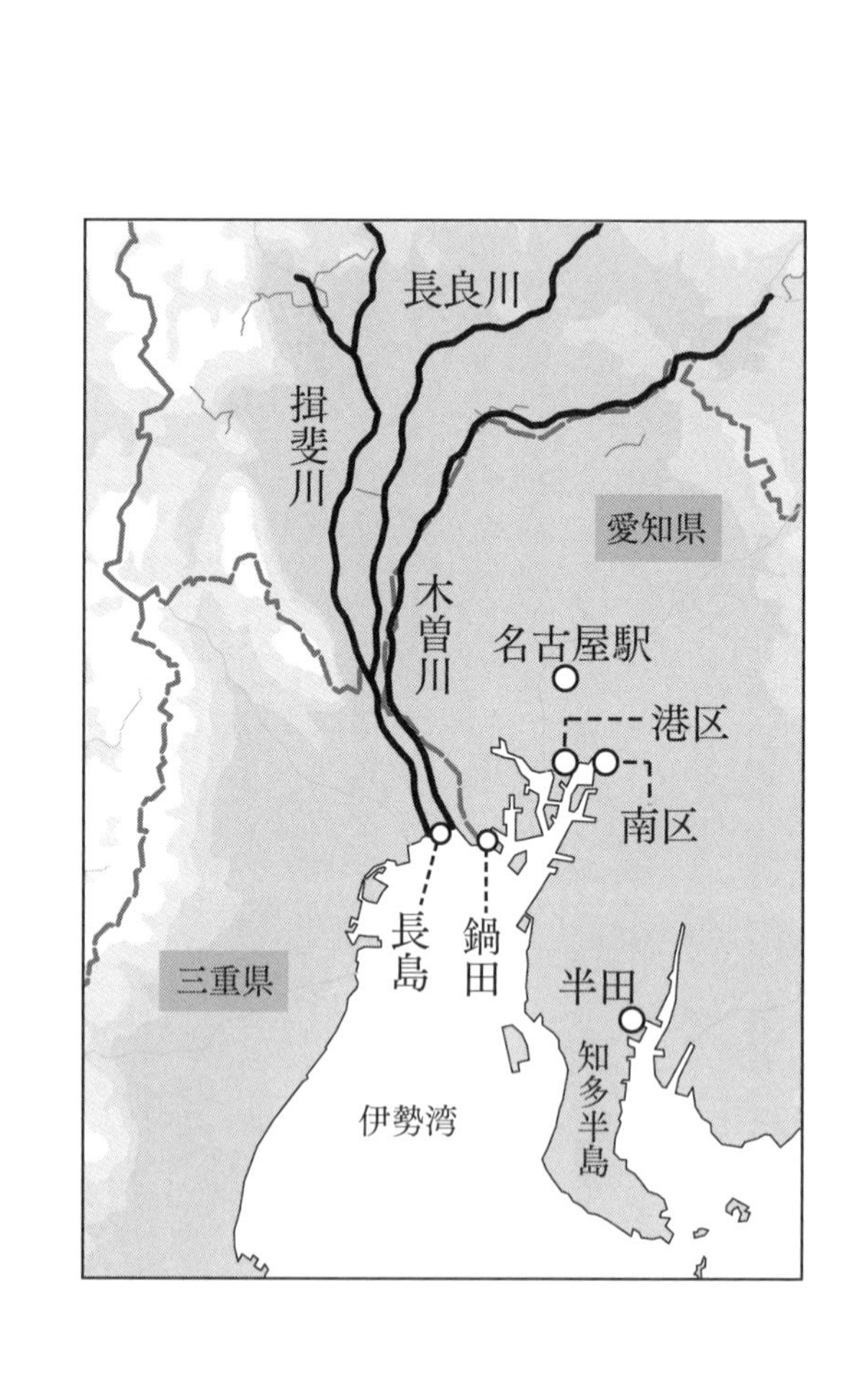
長良川
揖斐川
木曽川
愛知県
名古屋駅
港区
南区
長島
鍋田
三重県
半田
知多半島
伊勢湾

# 1

一面の黒い水だった。悪臭が澱んでいた。ズボンを股まで巻き上げて、腐った重い水のなかを歩いていた。水をいっぱいに吸ったズック靴が水中で脱げそうになる。水底に靴底を滑らせるようにして、脛(すね)で腐水を押し歩いた。どすぐろい水は水の中に何があるかを見せていない。足がひっかけた猫の死骸が浮いたこともあった。べとりと光る毛を見せて再び沈んでゆく。

足の毛穴から毒水が浸み入ってくるのか、足の内部がうずくようだった。深いところは歩けないので医療班や新聞社のボートに便乗させてもらったが、一日の大半はそんなふうに水のなかを歩いていた。カメラマンのS君と二人での取材だった。台風から十二日経った十月八日のことである。

昭和三十四年(一九五九年)九月二十六日、台風十五号が伊勢湾沿岸一帯に高潮をもたらした。死者・行方不明者数など被害を示す数字は資料によってかなり違っているが、『近代日本総合年表(第二版)』では次のようになっている。

台風十五号、中部地方を襲い、被害甚大。死者五〇四一人(明治以降最大)、被害家屋五七万戸(伊勢湾台風)。

名古屋市の被害は海に近い南区と港区に集中していた。その日S君とぼくの歩きまわった一帯だ。

腐水をわたって行った南区役所にも港区役所にも、裏庭にはまだ引き取られていない遺体が並んでいた。台風が過ぎてまもなく二週間が経とうとしていたのだが、災害は居すわっていて、人びとの心を押しつぶしていた。

ぼくは少女雑誌の編集者だった。編集者になって五年目の二十六歳だった。『少女』という題名の雑誌編集部で、グラビアや小説やマンガの担当のほか、芸能記者と社会部記者の役もしていた。

このときの取材では、名古屋市南部と知多半島を歩き、帰京してから写真と文による五ページの伊勢湾台風被害地ルポルタージュを載せ、読者に募金を呼びかけた。その記事のなかに、こんなふうに書いたところがある。

どぶ川のような水を、はだしでわたって、ひとりの少女が、名古屋市南区役所にあらわれた。うら庭におかれた死体の中に、父母や子をさがす人たちにまじって、この少女は、いっしんに、何かうつしものをしていた。水にぬれて、色のかわったノートに、ちびた鉛筆をもって……。

「吉井さんも死んだのだわ。中島さんも、亀井さんも。あ、この人も。」

そんなことをつぶやきながら、死んだお友だちの名を、区役所の死亡者名簿の中にさがしていた。

だれが死んだのか、だれが生きているのか、それさえもわからずに、この二週間を、だれもが、黒い水の中に生きていたのだ……。

南区柴田町で父、母、姉、弟を失い、祖母の家にひきとられていた六歳の少女を訪ね、知多半島半田市では、祖父、祖母、母、弟、妹を鉄砲水に流され、父と二人、闇のなかを流れる家の屋根に乗って助かった小学校六年生の少女と父に会った。壊れた家から探し出した教科書を、むしろに並べて乾かしている女の子がいた。区役所に避難して千羽鶴を折りつづけている少女たちもいた。壊れた家に流れついた板の上にはだしでしゃがみこんだまま、動こうともしない女の子もいた。

## 2

木曾三川（さんせん）公園の展望タワーから眼下に、揖斐（いび）川、長良川、木曾川が間近に並流しているのが見える。

下流方向を望めば右手の揖斐川とまんなかの長良川とのあいだは、千本松原と呼ばれる細い堤で距(へだ)てられているにすぎない。長良川と左手の木曾川とのあいだはいちおう陸地が平らに見えているが、それもせいぜい幅百メートルといったところか。ここは河川公園になっている。この三本の大きな流れは、前方の伊勢湾に注いでいる。

このあたりから伊勢湾の海にかけては、もともと三本の川がからみ合って流れていたところだ。低い土地を三本もの川がからみ合いもつれ合って流れるのだから、上流や中流に大雨が降って川が増水すれば、水面と陸地の境界など消え、ほとんど湖水のようになってしまう。

そのため三川河口部に住む人びとは昔から、「輪中(わじゅう)」と呼ばれる水防共同体をつくってきた。村と田畑を堤防で囲い、絶え間ない洪水から暮らしを守ってきたのだ。囲堤(かこいづつみ)を水が越えてきたときのためには、「水屋(みずや)」という避難小屋を備えていた。高く土盛りをした敷地を石垣などで固めて、その上に家を建てておき、いよいよのときにはここに避難して身を守った。

尾張徳川家によって木曾川の東側に長さ約五〇キロメートルにも及ぶ堤（御囲堤(おかこいづつみ)）が築かれ、木曾川が氾濫しても東側、すなわち尾張側には流入しないようにしていた。木曾川西岸の堤は御囲堤より三尺（約九〇センチ）低くするように命じていたので、川からあふれた水はもっぱら美濃側に流れ込んだ。しかも、その西に長良川と揖斐川が近接していて木曾川ともつれ合って流れていたのだから、木曾川から西の美濃に水害が頻発したのは当然のことだった。そのうえ美濃は政治的に数々の小大名領・旗本領・幕府領に細分化されていて、一貫した水防政策はとられることなく、人びとは自分で自分を守るしかなかった。その自衛策が輪中という水防共同体なのだが、それでも大洪水のときにはしばしば水害を受け、死者を出し、家を失い、農作物を失っていた。

三川河口部住民の強い願いで、明治政府が招いたオランダ人技師ヨハネス・デレーケがこの地域の河川調査を始める。これが明治十一年（一八七八年）のことだ。デレーケは五年間にわたって実測調査を行ない、木曾・長良・揖斐の三川を分流させることを中心にした計画書をつくり上げた。三つの川の下流部のもつれを解いて、それぞれの川を海まで流す計画だ。工事は明治二十年（一八八七年）に始まり、明治三十三年（一九〇〇年）に主要分流工事が完成した。

その効果は大きかった。分流以前十年間の輪中地域の水害死者数が三一六人であるのに対して、分流以後十年間の死者数は一〇人と激減している。流失崩壊家屋は一万五四三六軒から三一四軒へ、流失耕地は三二七七ヘクタールから九二八ヘクタールへと、それぞれ大幅に減っている。

デレーケのおかげだった。細部にわたるみごとな計画が、三つの川の最下流地域（輪中地域）の生活を水害から守ったのだ。その分流の風景が、いま木曾三川公園の展望タワーから見下ろす眺めである。

# 3

デレーケの計画は偉大だった。だが、三つの川が近接して海へ流れ込んでいるという自然の骨格は変えられない。予想外の大洪水の可能性はいつも潜在している地域なのだ。

伊勢湾台風がそれだった。三川河口部の旧輪中地域は、昭和三十四年（一九五九年）九月二十六日の夜のうちに一面の湖となり、崩れた堤防の仮締切り工事が終わるまでの数十日間、人びとは濁水のなかでの暮らしを余儀なくされた。

木曾川と長良・揖斐川のあいだにあり、南端が伊勢湾に面している長島町（三重県）は、川の堤防の決潰に加えて海岸堤防が乗り越えてきた高潮の波で内側をえぐられて崩れ、海水が家々の屋根近い高さで襲ってきた。長島町の南部の大半は海抜0メートル以下の低地だから、その夜、台風の吹き荒れる逆巻く海に変わったのだった。夜が明けてみれば、昨日までの木曾川も長良川も揖斐川も、わずかに残存堤防でそれと知れるだけで、一帯がひとつながりの海に変わっていた。あふれた川の水と押し寄せた海の水とがまじり合い、海面より低いこの地域に居すわってしまった。

当時の長島町の人口は八七〇八人だった。そのうち三八三人が命を失った。死亡率四・四パーセントである。町の南部地区では人口二二七九人中二八一人を奪われている。死亡率一二・三パーセントに及んでいる。
被害の大きかった地区の一人の主婦（当時三十歳）が、「水屋で助かる」という回想記を、台風後二十周年に編まれた『輪中の伊勢湾台風』という小冊子に書いておられる。
九月二十六日、夫は名古屋へ出かけていて、この女性は母と二人の子供とで台風の夜を迎えることになった。ラジオの台風情報を聞き心配になって堤防へ上がってみると、水はもう手の届きそうなところまで上がっていた。満潮は午後十時というが、とてもそれまで堤防はもたないと思って、家族を連れて逃げることに決めた。

　その時はまだ雨も風もあまり強くはありませんでしたが、木曾川の堤防沿いに住んでいて常々思っていたことが頭の中を走ります。もしも堤防が寸断されたらどうしよう、とにかく堤防から離れなければと。幸いにも近くに昔ながらの輪中の型をとどめる横満蔵（よこまくら）の堤防があり、そこの旧家の水屋へと逃げました。

明治の三川分流工事後は、古い輪中堤の多くが取り除かれていた。囲堤があると生活に不便であり、三川氾濫のおそれがなくなると輪中堤は、その土利用もかねて取り崩されていたのだ。この体験記の主婦の家近くに旧輪中堤と旧家の水屋とがあったのは、彼女たちにとって幸運だった。

もう何人かの人達がその水屋へ集まっていました。しばらくして「堤防が切れたー」という声と水とが一緒に水屋まで押し寄せて来ました。ソレッとばかりに梯子を伝って屋根裏へ、最後の人は水に突き上げられて這い上がってきた位の速さでした。（中略）

明るくなるのが待てなくて、時刻は午前三時頃でしょうか、手さぐりで降りて皆それぞれに思う方向をじっと目をこらして眺めました。ボォーと光が入ってきます。本当なら、家々の屋根があり木々が映るはずなのに、その明りが遠いのか近いのか、たとえようのない心のさわぎです。だんだんはっきりしてきて確かめられたのは、名古屋港の船の灯でした。家もなく、堤防もなく、一面海でした。その時の気持は今だに書き表わすことができません。

台風の翌年に出された『あらしの中の子ら――伊勢湾台風被害児童の記録――』に、長島町伊曾島小学校六年生の女の子が、こんなふうに書いているところがある。この少女はその夜家族五人で屋根をやぶって屋根上に這い上がり、家ごと流されたのだった。

それからどのくらいたったでしょう。もう夜明けです。五人の服はぬれていたのに、屋根の上で風にふかれていたので、すっかりかわいてしまいました。明かるくなってから堤防に上がってみるとぜんぜんしらない所です。ちょうど人が通ったのできくと、「木曾岬の上泉やに」とおしえてくださった。私たちの一家はあの大きな木曾川をよしぶきの屋根にのってながされてきたと思うと、とてもこわくなりました。

この伊曾島小学校へ、ぼくは台風から五ヶ月あまり後、卒業式の日に取材で訪ねている。校舎の一部は流されて土台だけが残っていた。五年一組全員にそこへ集まってもらって、集合写真を撮った。前年春同じところで撮った同じクラスの写真から、台風で六人が失われている。女の子四人と男の子二人が、伊勢湾台風の死者となっていた。伊曾島小学校全体では、女子四十三人、男子十六人、あわせて五十九人が死亡していた。(『少女』編集部で伊勢湾台風被災地の十五校の小学校に当時はまだ貴重だったテレビを寄贈し、ぼくはそのうちの二校——長島町の伊曾島小学校と志摩半島南端大王崎の波切(なきり)小学校へ再びS君と二人で取材に行ったのだった。)

なお、長島町の小学生たちは十月二日から鈴鹿と伊勢へ集団疎開をして、伊曾島小学校児童は十二月六日にようやく戻ることができた。

## 4

伊勢湾台風の被害は地域によって大きく異なっている。ぼくが台風から十二日後に取材に出かけたとき、名古屋駅に降りてみると、いったいどこに被害があったのだろうかと、拍子抜けしたものだ。募金箱をかかえた女性たち数人がわずかに被災地風景を見せていたが、その前をほとんどの人が足早に通り、ふだんの都市風景があっただけだ。デパートは賑わい、パチンコ屋は軍艦マーチを流し、若者たちは陽気にふざけ合っていた。だが、名古屋市の南部に足を運ぶと、ゆるやかな坂道の途中から先は水没地帯だった。はじめに書いたような悲惨な町だった。水にかこまれながら飲み水がなく、給水車か給水船を待つだけだった。

ラワン材の丸太が、あちらこちらにあった。太いのは直径がぼくの肩ぐらいまである。名古屋から西の方へ、鉄道の線路を伝って歩いたときにも、水の溜っている線路上に巨木が何本も横たわっていて道をさえぎり、乗り越えるには大きすぎてあきらめて引き返したこともあった。名古屋港内各地の貯木場から高潮で流れた丸太だ。一本が五トンもある巨木が、逆巻く波でくるくるまわりながら家々を壊し、人びとを叩きつぶした。およそ三万本とみられる巨木が荒れまわって、被害を甚大にしたのだった。木造家屋はなぎ倒され、コンクリート造りのアパートにも巨木が中まで突っ込んだ。

名古屋市南部も輪中地域も高潮に襲われているのだが、被害の状況は大きく違っている。また、高潮に襲われたところでも、場所によってはすぐに水が引いている。水の引き方の遅速は、被災後の暮らしを大きく左右する。

名古屋港埋立地の一画、堀川右岸の住友軽金属の工場が、台風の翌々日、九月二十八日に操業を再開し、煙突から威勢よく煙を吐きだした。周辺一帯が水没した臨海工業地帯でこの工場だけがほとんど無傷だったのだ。

名古屋には台風がこないという〝神話〟があったようだ。住友軽金属の工場が建ったとき、地元の人たちは、新工場が地盛りをした上に建設され護岸を高く造っているのを見て、このあたりには絶対に水がつかないのにあんなことをして、まるで金を捨てるみたいなものだと言っていたそうだ。住友軽金属は昭和九年（一九三四年）の室戸台風のとき、尼崎工場が高潮を受けて操業再開までに半年間を要した経験があり、名古屋工場を建てるにあたっては万全の水害対策を立てていたのだった。

台風にしろ地震にしろ自然エネルギーの激発は防ぐことができないけれども、被害はそれなりの備えがあれば避けることが可能だという事例である。雑誌『自然』（一九五九年十二月号）に掲載された小出博東京農大教授の「伊勢湾台風の背景——その教訓——」に紹介されている話だ。

おなじ論文に、次のような話も出ている。

著者の郷里である兵庫県日本海側の内陸農村地帯での伊勢湾台風被害である。日本海に注ぐ円山（まるやま）川の中流域にあるその町では、鉄骨コンクリートの永久橋の両側が落ちてしまったという。

……あの頑強なコンクリート橋が落ちるとは、想像もできないことであった。しかし、もしこの橋が落ちていなかったら、上流側の堤防が破れ、私の部落は円山川の濁流にのまれていたかもしれない。

広報によると、死者行方不明四人、住宅の被害一五五二戸、水田の被害五三〇町歩、畑の被害八五町歩とある。小さな農山村であるから、この被害は決して小さいとはいえない。こうした災害が、中央の目には殆ど(ほとん)ふれないで、忘れられたまま散在しているのではないだろうか。伊勢湾台風のつめ跡は、伊勢湾だけに荒々しく残されたものではないことを、ここで注意しておきたいと思う。

大災害が起こったとき、人びとの目はどうしても被害の大きいところに向く。それは仕方のないことだが、ここに言われているように、自然災害は目にふれにくいところにも散在しているのがふつうだ。ぼく自身、伊勢湾台風の十二日後に取材で歩いたときにも、四ヶ月半たってからの取材のときにも、被害は愛知県・三重県・岐阜県に集中しているとしか思わなかった。兵庫県の山の村でそんな被害があったとは思いもかけないことだった。福井地震で、石川県に属するぼくの町の被災が忘れられていったことを思い出す。「福井地震」とか「伊勢湾台風」といった命名が、その命名は妥当だけれども、その名前からはずれる地域での災害を人びとの目にふれにくくする。

# 5

伊勢湾台風の翌年二月、ぼくは最も被害の甚大だった鍋田干拓地を訪ねた。

木曽川の分流である鍋田川河口のこの干拓地は太平洋戦争後まもなく工事が始まり、一九五五年に潮止めが終わった。岐阜、三重、長野、山梨、千葉、茨城の諸県から、農家の次三男が分家入植をして、はじめの二年ばかりは不作がつづいたのだが五九年(昭和三十四年)はかなりの収穫が見込まれていた。この土地で農業をつづけてゆく自信が生まれ、この年花嫁を迎えた若者たちもたくさんいた。

そこへ伊勢湾台風が襲った。堤防が決壊して高波が押し寄せ、すべての家と田を流し去った。入植者は一六四戸二九〇人だった。死者行方不明者はそのうち実に一二六人にもなる。一五人いた子供たちで生存者は四人にすぎない。妊娠していた若い妻たちの多くが激流にのまれた。妻を助けたあと力つきて波にのまれ、「おなかの赤ちゃんをたのむ」と叫んで消えた若い夫もいた。

台風が吹き過ぎて四ヶ月半、さすがの水も各地で排水が完了し、大地はふたたび乾いていた。ただ一ヶ所、鍋田干拓地だけがまだ海であった。無人になった干拓地が浅海となって、潮風にさざ波を立てていた。

干拓地にあったどの家も、木造部分をすべて失っていた。土台のコンクリート部分と、風呂場のコンクリート壁だけが残っていた。タイル張りの風呂壁が傾いて水面に立っているのも見えた。若い夫婦たちのマイホームだったのだろう。海上遠くに、大きな土台と風呂場跡を水面に浮かんだように見せているのは、台風の数日前に到着したという愛知県農村建設青年隊七期生の宿舎の跡のようだ。

ぼくが鍋田干拓地を歩いたときが満潮時だったのか干潮時だったのか分からないが、水が引いたように見えるところも湿った泥で覆われていた。道はあらかた乾いていたけれども、道の先は橋のところで切れていて、前方に道の痕跡は見えなかった。あるのは風に水面をそよがせている澄んだ水だけだった。明るい空の下、海面下の住宅土台に海藻が育ち、長い藻が波にゆれていた。渓流の水のような澄んだ浅海に、黒髪とみまがう藻がゆらめき、亡くなった女たちの髪がゆれているかと錯覚する。

伊勢湾台風から三十六年が経った今、復興された鍋田干拓地にはどこまでも平らな畑がひろびろと広がっているのだが、あたりには住宅は見えない。海から遠くにコンクリートブロック三階建ての入植者住宅が集団化して建てられているとのことだ。

台風の夜、鍋田干拓地の海岸堤防はほぼ全面倒壊した。直立式急勾配の高さ六・五メートルの堤防だった。その上にさらに、高さ〇・五メートルの波返しがつけてあった。計七メートルである。伊勢湾台風の最高潮位五・三メートルでは海水は堤防を越えないはずであった。しかし、越えた。風速四〇メートル以上の風が吹きつけていた海だ。高潮の海面は平坦ではありえない。大きく波打っていたのだ。波はあっという間に堤防を乗り越え、堤防内側の土砂を崩した。内側をえぐられた堤防は海の巨大な水圧であっけなく倒れていった。そのあとはもう、荒れる台風の海だ。干拓地は闇のなかで、吹きすさぶ風と逆巻く波の海になった。

そして現在、鍋田干拓地の堤防は底面を広くした斜度のゆるい構造で、外側と内側の両面がコンクリート張りになっている。海岸堤防の内側に幅数百メートルの遊休草地をとり、そのこちらに二番堤防が築かれている。高さは七・五メートル。

今度はおそらく大丈夫なのだろう。そう思いたい。しかし自然のエネルギーは、いつどんな力を見せるのか、誰にも分からない。

干拓地を守る堤防の内側緩斜面にオートバイのタイヤの跡がたくさん付いている。「法面(のりめん)走行禁止」の立札が立っているけれども、この堤防コンクリート斜面は暴走族の遊び場になっているとのことだ。

## 6

災害時には人間の美醜が洗い出される。

人間の美しさを信じられるのも災害時である。人間はこんなにも美しかったかと、胸をうたれることが多い。自分を捨てる危険を冒してでも愛する者を守ろうとする人たちがいる。幼い者や弱い者を生命がけで助け出す人びとがいる。

一方で、人間とはこんなにも醜いものであったかと、あらためて知らされるのも災害時である。それを断罪するとかしないとかの問題以前に、ぼくたちは災害のなかで、いやでも醜さに向き合わなくてはならない。

少女雑誌の取材で被災地を歩いたときにも、いくつかの醜さに直面した。公民館二階の或る避難所では、ボートで運ばれてきた炊き出しのおにぎりをめぐって殴り合いの喧嘩があった。太い腕の男が細い腕の男を殴り倒し、おにぎりを一人占めにした。だれも何も言えず、みんな息をひそめていた。

水没地帯へパンを一個三〇〇円という、とんでもない高値で売りに行く連中がいたという。ふだんのおよそ十倍の値段だ。白米を法外な高値で売った米屋もいた。この米屋は懲役六ヶ月（執行猶予二年）の刑を受けたが、他人の不幸につけ込んで暴利を得た連中のほとんどは儲け得だった。

杉浦明平（みんぺい）が当時の『文藝春秋』に、台風後約五十日間の見聞を書いている。「湖（うみ）に生きる闘い」という、十三ページにわたるルポルタージュだ。そのなかに、「海賊と警官」という一節と、「災害を喰い物にする輩」という一節がある。共に、災害時の醜い人間たちを描いている。

湖（海）になってしまった被災地で、水中に点々と散らばる家々の屋根に住人たちの姿を見かけることを書いて、こうつづけている。

どうしてこんな水の中にもどってこなくてはならないのか。排水の完了するまで、どこかの親戚か収容所ですごせばいいではないか。

それはだめだ。家をあけたら、海賊がやってきて、屋根裏においてある家財道具をかっぱらってしまうのである。

名古屋でもそうだった。港区や南区が水に浸っていたとき、わざと水上に出ている二階に筏(いかだ)をぶつけてこわして中にあるものを持ち去る連中が絶えなかった。だから近所の小学校その他に収容されている避難民は、干潮時になると、パンツ一つでそれぞれ腰までの水をジャブジャブかきわけて自宅にもどって、家財の安否をたしかめたものである。汐(しお)が深くならないうちにもどらねばならぬのだが。

台風後まもなく名古屋南部から海南地区まで海賊が跳梁するといううわさがもっぱらだった。治安当局から出た情報でも、関西方面から百二十人ないし百五十人の盗賊団が入りこんだ形跡があるということだった。ランチを操縦する海賊が出没すると罹災者を不安のどん底におとしたこともある。

じっさい、災害後の十日ほどは、かなり荒れていた。第一に地元のチンピラが田舟で留守宅を荒した。

チンピラだけでなく、被害の少なかったものの中には、相当えげつないことをやってのけた連中がいる。蟹江では、わたしの知人のYさんは水面上にわずか残った屋根裏に眠っていると、夜中に舟をこぎよせる音がする。警防団が徹夜で警戒に廻っているのかと感心していたが、朝見たら、瓦がきれいに剝がれていた。犯人は、高い所にあって風の被害で瓦をとばしただけの相当大きな商人であることがすぐ判明したが、町内のことだから、どうしようもなかった。

漂流している死体から金歯をもぎとる者までいたという。ボートで送ってやると親切そうに言って、水の深いところに来ると高額の運賃を巻き上げる連中もいた。

これらの「海賊」が消えたのは、東京から警視庁の機動隊が応援に来てからだそうだ。東京でデモ隊を殴ることで知られた機動隊の若者たちが、名古屋に来るとみんなから感謝されて、仕事に励んだのだろうと杉浦明平は見ている。「デモ隊をなぐるより仕事はつらくてもこの方がいいです」と、機動隊員の一人が洩らしていたそうだ。

## 7

災害の記憶はうすれてゆく。そのほうがいいかも知れない。暗い記憶をかかえて生きるのはつらいことだ。だが一面、五〇〇〇人を超える死者たちまでが、遠くかすんでしまうのかと思うと、虚しい気がする。

名古屋の南区役所の近くで、店先に出ていた雑貨屋の女性に道をたずね、ついでに伊勢湾台風のときのことを聞いてみた。彼女は、まだ生まれていなかったので分からないと言う。通りかかった老女に聞くと、ひどかったのはもっと港に近いほうだが、とにかくまだ千人以上は行方不明だと話していた。大きな穴を掘って死体をどんどん投げ込み油をかけて焼いたという。行方不明者の数は実際はそんなに多くはないのだが、八十数歳の彼女の記憶のなかでは、あのとき死んだ人びとの大半は名を失っていたようだ。海に流れて帰らない死者たちも多いのだという。

長島町の伊曾島小学校では、三階に多目的ホールがつくられている。水が出たときの避難所にもなるように、三階にしてあるのだ。大雨になって洪水の心配が出てくると、町の老人たちがはやばやとここへやってくるということだ。伊勢湾台風のときの恐怖を心に刻みつけている人たちである。だが、その数は今ではごく少ない。町に住む人びとの多くは伊勢湾台風の体験者ではない。三十六年も経っているから、台風以後に生まれた人びとが多い。台風以後に移住してきた人たちもいる。台風を体験していても当時まだ幼かった人びとにはもちろん直接の記憶はない。親たちから聞き知っているくらいだろう。

伊曾島小学校には、伊勢湾台風時の水位標がある。校舎一階の天井に近い高さだ。だがそれも子供たちの目に入らないだろう。一世代以上の時を経た今、ほかに水害を想起させるものはない。台風後に新しく築かれた堤防にしても、人びとの目には昔からそれがあるように映っているのではないか。そして、すっかり安心しているのではないかと思う。それでいいのかも知れない。

かつての災害を教訓にして、堤防をしっかりしたものにしたり、避難所に使える建物を建てたり、名古屋なら貯木場から流木が出ないようにしたり、食べものや水の備蓄をしたり、救急体制をととのえたりするのは、主に役所の仕事だ。その仕事を見張ったり、知恵を出したりする一般の人たちも必要ではあるが、根本のところは税金を運用する役所が納税者の生命と財産の安全に責任を持ち、ぼくたちはふだんそのことにいちいち気をまわしたり気をもんだりしないでいいような、そういう仕組みができ上がっていれば、暗くて辛い記憶はうすれていっていいのではないかとも思う。もちろん、愛する者を失って、忘れようにも忘れられない人たちはいる。それは別の話である。

なによりも大事なのは、もしも災害におそわれたとき、美しい人間の割合が多いことではないだろうか。醜い人間をゼロにするのは出来ない相談だが、学校教育だけではなく世の中全体で日々、そちらの方向へ向かって行くように出来ないものだろうか。そんなもの、ねごとだ、夢だ、と言われるだろうが、それでもここにひとこと書いておきたいのだ。災害時にいちばん大事なことだと思うから。

# 天竜川三六災害

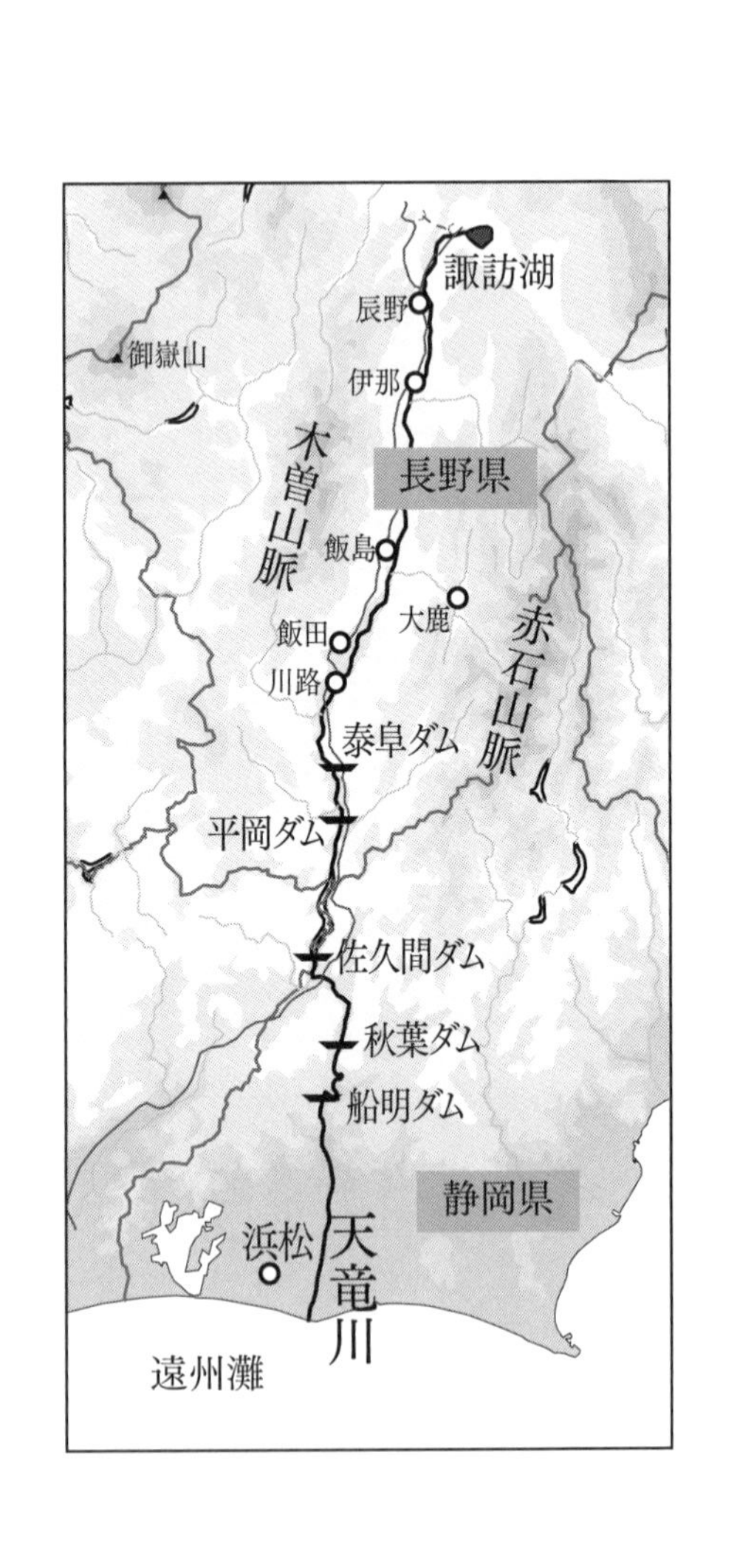

諏訪湖
辰野
伊那
御嶽山
木曽山脈
長野県
飯島
大鹿
赤石山脈
飯田
川路
泰阜ダム
平岡ダム
佐久間ダム
秋葉ダム
船明ダム
静岡県
浜松
天竜川
遠州灘

# 1

天竜川は浜松市のすぐ東側で遠州灘に流れ出ている。その河口周辺にひろがっているのが太平洋岸有数の大砂丘、中田島砂丘である。天竜川が流してくる膨大な量の土砂と遠州灘の風波によって作られてきた砂丘だ。

この砂丘の後退が始まったのが、昭和三十五年（一九六〇年）のことだった。砂丘が浸食され、海岸線が後退しはじめた。最大浸食幅は二〇〇メートルにも及び、放置すれば数キロメートルの陸地が削りとられて浜松市街の南部が水没するおそれさえあった。その後、沖合への大量のテトラポッド投入など土砂流失防止策がとられて、海岸線の後退は止まったのだが、こんなことが起こった原因は、天竜川が以前のように土砂を流してこなくなったことにあった。

天竜川が大きく変貌したのだった。

天竜川はダムの並ぶ川になっている。天竜川を河口からさかのぼれば、まず最初に出会うのが船明ダムだ。その先に、秋葉ダム、佐久間ダム、平岡ダム、泰阜ダムと、天竜川本流はいくつものダムで堰き止められた階段状の川になっている。

ダムは水を堰き止めると同時に土砂も堰き止めている。天竜川はもはや河口部へ大量の土砂を流してこない。土砂の補給が少なくなれば、波による浸食が進むばかりで、海岸線は後退するほかない。そのうえ下流部河床（かしょう）での砂利採取もさかんに行なわれていた。昭和三十年代前半に佐久間ダムと秋葉ダムができてから、たちまち急激な海岸線後退が始まったのだった。

自然は一面では強固だが、一面では脆いものだ。天竜川のように人間の手が大きく加えられてしまうと、川はもとの力をなくして、それまでは川本来の力で保っていた海岸線を維持しきれなくなるのだ。

天竜川は、それでも川なのだろうか。やっぱり川と呼ぶべきなのだろうか。

## 2

昭和三十六年（一九六一年）六月下旬、長野県南部を中心にして大雨が降りつづいた。このときの天竜川本流と支流の各所での洪水氾濫や山崩れによる災害を総称して「天竜川三六（さんろく）災害」と呼んでいる。被害は天竜川上中流域の伊那谷一帯に及び、さらに、天竜川の水源である諏訪湖まで溢れさせている。

降雨量が大きかったことはもちろんだが、山々の森林伐採が急激に進んでいて山林の保水力も弱くなっていた。雨水はたちまち川を増水させた。山々から流れる支流の濁流が天竜川本流に流れ込み、川はそこらじゅうで氾濫した。

被害の性質はそれぞれの場所で異なっているので一概には言えないけれども、もしもこのときの天竜川水系全域を上空高くから俯瞰したならば、増水した河水を下流へと流し切れない川の姿が見下ろされたことだろう。流水は途中で堰き止められたようになって岸辺へ溢れ出し、まるで湖水のように見えている。

飯田市南部の川路（かわじ）地区はそんなふうにして水没していた。支流では鉄砲水が走ってあちこちで死者を出していたが、本流沿いの川路地区ではゆっくりした増水で高台へ逃げる余裕があり死者は出ていない。だが、水は川筋の多くの家々の一階部分を飲み込んだ。二階まで水没した家も少なくない。水の引いたあと、家の中を泥が埋めていた。もはや住めない土地が残された。川路公民館が中心になって被災から二十年後に、『水難の里に生きる――川路三六災回顧』という大型本を編集刊行している。百編ほどの回想記から、ほんのすこし引いてみよう。

> 二階に腰の高さまで水がつき、品物が浮いて回る。家内中無我夢中でしたが、こうなったら家財どころではない。高い所に乗って心配そうな顔をしている子供二人と、母を一刻も早く逃がさねばと思い、丁度外から筏（いかだ）で救援にきてくれた消防団の方にお願いして、おひつを背負った母と子供を送り出し、父・姉も避難させ、ほっと一息した。
>
> 今度は私たちだ。私と応援の弟、兄様三人が外の手すりに出て救援を待った。この頃はまだ明るく、雨はほとんど止んでおり、水は増え方も鈍ってきて少しずつ逆流していた。隣近所人声も少なく大部避難しており、前の本社の材木や小屋が流れ出していた。弟はこの材木

を筏にして避難した。手すりの上に登り腰まで泥水につかり屋根につかまって何時間待ったのか。

最後の筏が救援に果てくれ、二階まで水につかり灯り一つない死の家並みに、悼差しながら山城屋の横につき、家族が避難している中屋に上がった。夜九時頃だったと思う。親戚の者たちがいっぱいの混雑の中で、一同無事であったことをよろこんだ。

当時三十六歳だった男性の回想記の一部分である。家の建っていた場所によって水の上がり方はちがうけれども、川路の川沿いの多くの人びとがおよそ右のような水難に遭っている。

回想記のなかには、「恨み多き泰阜ダム」「人工ダムが憎い」「ダムの撤去とどう取り組むか」といったタイトルのものがある。川路地区一帯の水没原因が、下流の泰阜ダムによる河床上昇にあるからだ。ダムが建造されて以来、ダムは流下する土砂を堰き止め、ダム上流の河床を上昇させていた。川の底に土砂が堆積して川が浅くなり、川は増水時の水を流す力をなくしていた。水害はダムに起因していた。天災ではなく、人災だった。

「ダムの撤去とどう取り組むか」を書いた当時三十八歳の男性は、回想記のなかにこう書いている。

さて、このような大きな被害を蒙ったのは泰阜ダムのためだ。中電〔中部電力〕はけしからんと被災者大会が開かれ、全員が飯田支社に乗り込み、交渉したり、坐りこみをつづけたりした。が、らちがあかなかった。ダムの影響による天竜川河床の上昇という人為的な原因が、より多くの被害をもたらしたことは明白な事実であり、川路の住民を怒らせたのだ。ダム撤去という大きな政治課題にどう取り組むか、この面では水防組合の前途は険しいと言えそうだ。火主水従の水力エネルギー利用の下における、ダム存在の役割はどうなのか。また撤去したらその影響はどうなのか。いろいろな角度から検討されることが望ましい。

川路をふくむ天竜川沿岸被災者約六百人による「泰阜ダム撤去同盟」が結成され、中部電力へ決議文を渡し、長野県知事にダム即時撤去を陳情した。

しかし、泰阜ダムは現在もある。ダム湖の大半は土砂で埋もれているが、水の落差を利用する発電には支障がない。

## 3

泰阜ダムは、天竜川本流を堰き止めた最初のダムである。電力開発を進める国策に沿って昭和十一年(一九三六年)一月に竣工、発電を開始した。

川路の人びとは当初から、ダムによる河床の上昇を懸念していた。電力会社はそれに対して、ダム上流の渓谷地帯にごくわずかの河床上昇はありうるけれども、天竜峡から上流、すなわち川路方面には全く影響がないと言っていた。しかし、そうではなかった。支流に崩壊地の多い天竜川水系では土砂の流下が大きく、それがこの稿のはじめに書いたように河口部の陸地を形成していたわけで、その土砂が泰阜ダムに堰き止められると、天竜川はたちまち河床上昇を起こした。

　ダム建造から二年後の昭和十三年（一九三八年）には、洪水があふれて川路の桑園を水びたしにした。日本三大桑園の一つである天竜河岸の桑園が泥水をかぶって大打撃を受けた。三十数年ぶりの水害であった。

　天竜川は「あばれ天竜」と呼ばれてきた川である。『川路村水防史』には、天正年間からの出水と水防の年譜が載っているのだが、その回数は江戸時代に八十回、明治時代で十八回にも及んでいる。およそ三年に一度の出水だ。人びとは水と戦いながらここに暮らしてきた。しかし明治三十六年（一九〇三年）に「牢固として抜くべからざる」永久大築堤が完成してからは、さすがのあばれ天竜も抑え込まれ、「桑の中から小唄がもれる」とうたわれる桑園が人びとの暮らしを豊かにしていた。その暮らしが、ダムができてわずか二年後には天竜川の氾濫でおびやかされたのだ。

　河床は上昇しつづける。大築堤後はおとなしくなっていた天竜川がふたたびあばれだした。三六災害のときには、天竜峡姑射（こや）橋下での河床上昇は実に十五メートルにもなっていた。泰阜ダムから上流へ八キロメートルもさかのぼる地点でそれほどの河床上昇が起こっていた。今村良夫・真直（まなお）編著『天竜峡——歴史と叙情』に次の記述がある。

はやくも昭和十三年七月五日の洪水で、両村の河岸桑園一帯が大冠水、十五年には川路小学校の教室の床浸水、校庭冠水、十八年には濁流が教室内に流入、そして二十年十月五日には、姑射橋下の量水標で、過去最高の十六米出水位が記録され、小学校の一階教室の天井までの大浸水となった。その後も二十五年六月十一日、二十八年七月二十日とそれに近い出水が続き、さらに三十二年六月二十八日には、二十年と同水位の大洪水となった。いわば十三年以降の二十年間、出水位を漸増しつつ、洪水の慢性化を招来したのである。

泰阜ダムが原因で、天竜川があばれだしたことは明らかだった。昭和二十五年の水害直後には川路村の村民大会と村議会が「泰阜ダム撤去」を決議している。昭和三十二年の水害後には村長が衆議院建設委員会の参考人として、天竜川の河床上昇の実情を訴えた。だが、ダム撤去の見通しのないままに、とうとう「三六災害」を迎えたのだった。

その後、支流の砂防ダム建設や山々の植林が進められて、河床はいくらか安定してきている。護岸工事も行なわれ、大出水のおそれは少なくなったとされている。しかし、泰阜ダムは撤去されていない。右の本にも書かれているように、「ダム建設の人工で傷つけられた天竜の巨体は決して充分に回復してはいない」のだ。泰阜ダムによる河床上昇は、いまもダム上流二十キロメートルに及んでいる。浚渫と堤防のかさ上げをくりかえすくらいで、あばれ天竜をなだめきれるのだろうか。

## 4

泰阜ダム撤去を主張する人びとは、いまは少数派になっている。ひとことで言って、多くの人びとはダム撤去をあきらめたのだ。泰阜ダムを撤去しても、その下流には平岡ダムがある。泰阜ダムは平岡ダムの砂防ダムになってしまったとも言われている。平岡ダムの下流には佐久間ダム、秋葉ダム、船明ダムが続いている。泰阜ダム一つを取り壊しても、天竜川は昭和十一年以前の川に戻るわけではない。通船が可能であった川にはならない。また、仮に泰阜ダムを取り壊すとしたら、その影響も心配される。よほどの安全技術がないと撤去しにくいであろう。そういった現実観から多くの人びとは、胸にくやしさを抱きながらもダム撤去をあきらめることになったようだ。

ダム撤去に代わるのが護岸工事だが、いま計画されているのは、それに加えて三六災害のときに水没した川路地区の盛土である。およそ九〇ヘクタール（約三〇万坪）の土地に高さ六メートルの土を盛るということだ。それが完成すれば三六災害後に高台へ移転せざるを得なかった人びともふたたび元の場所に戻り、かつての町並みが復活するだろう。畑も冠水の心配がなくなるだろう。

だが、そのためには近くの三つの山を削り取って土を持ってくるのだという。三〇万坪もの土地を六メートルも高くするのだから、想像もつかないほどの土を必要とする。

盛土が予定されている一帯を眺めながら、ぼくは慄然としていた。

――なんという、自然大改造だろうか。そんなことをして大丈夫なのだろうか。

泰阜ダム建設という自然改造が天竜川を怒らせる結果を招いたけれども、その対策として河岸の大地の姿を変更するというこの自然大改造は、果たして自然の怒りを買わないのだろうか、削った山があばれないだろうか、盛土が安定するものだろうか……。それらに答える資料も知識も持ち合わせていないが、なにか危ういという直感があるのを否定できない。

川路小学校は、明治の永久築堤ができる以前は川から離れた高台の上に建っていたそうだ。築堤後しばらくして水害のおそれがなくなった大正時代に、河岸の平地に移築された。そのほうが通学に便利だからだろう。そして、やがて泰阜ダムができ、天竜川の河床が上昇し、川の氾濫が慢性化すると、小学校はしばしば水害におそわれることになった。三六災害後は、平地の家々も移転したが、小学校もふたたび高台へ移った。息の切れる急な坂道を登ったところに、いまの川路小学校がある。

天竜川は、はるか下のほうに流れている。どんな大洪水が起ころうと、この高台の小学校が浸水することはない。明治時代の人びとは、もともとそういうところに小学校を建てていたのだ。大正時代に低地へ下ろさなかったら、小学校は水害と無縁だった。

川路村の古い時代のことは知らないのだが、昔の人びとはどこでも、川から離れた高い土地をまず選んで住居を建てていた。川が氾濫しても安全な場所を選んでいたのだ。ただ、家の数が増えてゆくと、そういう場所は少なくなる。次男や三男が分家するときには、多少の危険は覚悟の上で、だんだん低地へ下りて行った。そのほうが田畑の仕事にも便利なのだが、川があふれたら災害を受けることにもなる。

それを「分家災害」と呼ぶ学者がいる。大熊孝著『洪水と治水の河川史』にこう書かれている。

明治以降の近代的土木技術手段の登場は、それまで開発しえなかったところや、生産性の低い地域を開発・安定化し、防災に関する地域間対立を解消してきた。これが明治時代以降の爆発的に増加した人口を支える一つの原動力であった。しかし、この人口増加は、災害に対して比較的安全であった土地から、危険度の高い土地への人口の密集化をもたらすことにもなった。それまで人間の生活しうる条件の乏しかった丘陵・台地や、ある程度の湛水が前提となっていた水田地帯などの宅地開発は、山崩れ・崖崩れ・浸水などによる人的被害・住居被害の激増を招いたのである。

天竜川にかぎらず、氾濫の多い川の岸近くには、昔は家を建てなかったのだ。川から離れ、川が氾濫しても安全な高さの土地で、崖崩れのおそれもないところに家を建てていた。それが、「本家」である。右の文は次につづいている。

小出博は、こうした明治以降の新たな災害に対し、「分家災害」という概念を提唱している。これは、本家の場合、明治時代初期以前に開発された土地に立地しているものが多いことに着目してその概念を敷衍し、それ以後の新たな土地に開発された住居を「分家」として、分家が本家と比較して相対的に災害を受けやすい必然性を表現したものである。すなわち、「本家」は自然力に対して受け身的防災手段しかなかったが、それゆえに長い経験的知恵から比較的安全な場所に立地し、また、水屋などに代表されるように災害に対応した住居形態をとっており、災害に見舞われることが少ないが、「分家」は急速な人口増大のもとに、災害に弱いところに立地せざるをえず、災害に対する備えが不充分であり、被害を受けやすいことを意味している。実際、近年の水害、山崩れ・土石流災害をみても、本家は被害を受けないか、受けても分家の被災数に比して非常に少ない場合が多いのである。

現代の土木技術は、分家災害をなくすることができるのだろうか。天竜川河岸盛土という大土木工事が、新しい分家災害を招かないものであろうか。自然改造のツケが高くついた例を、ぼくたちはこれまであまりにたくさん見てきている。

## 5

大きくみれば、分家災害は人災であり、本家災害は天災である。

天竜川三六災害での川路の水没は、小学校の移転と再移転にもみられるような分家災害の側面も持っている。だが、それ以上に、なんといっても泰阜ダムという人工建造物による人災であった。

天竜川支流の一つである小渋（こしぶ）川上流で起こった山崩れによる大災害は、それとは様相を異にしていて、人災とは呼びにくい。大鹿村（おおしかむら）大河原の大西（おおにし）山山腹が大崩壊を起こして、ふもとの小渋川とその岸辺の四十戸を埋めつくし、あっと思う間に四十二人の生命を奪った災害であった。

いまその近くに大鹿村中央構造線博物館が建っている。ここは中央構造線の走っている断層線谷なのだ。断層破砕帯が浸食を受けたところだから、崩壊の危険のある場所だ。大鹿村の中心集落はやや離れたところに位置していて被害のないことからみて、これも大きな意味では分家災害なのかとも思うが、やはり天災と呼ぶほうが正しいだろう。

大崩落は、昭和三十六年六月二十九日朝のことだった。連日の大雨が一息ついて小やみになっていたので避難先（高台にある神社など）から家に帰っていた人たちもいた。田畑を見まわっている人びともいた。午前九時十分、大音響が村じゅうにとどろき、大西山が崩れた。厚さ約一五メートル、幅約五〇〇メートルの山塊がおよそ四五〇メートルの高さから落下したのだ。風圧が家々を倒し、山津波の土砂が家と人をつぶし、田畑と川を襲った。増水していた小渋川の濁流が土石流となり渦を巻いて、逃げようとする人たちを飲み込んだ。崩落土砂が、集落のあったところに高さ五〇メートル近い山をつくった。夕方ふたたび強く降り出した雨のなかで、大西山の山腹はなおも崩れつづけた。

村の中央を南北に破砕帯が走っている大鹿村では、六月二十七日以来連日、各所で山崩れや鉄砲水が起こり、家々が押し流され、人びとの生命が奪われていた。大西山の大崩落は、大鹿村三六災害の最後で最大の被害をもたらしたのだった。大鹿村の死者・行方不明者は合計五十五人、負傷者六百数十人、全壊流失家屋約百二十戸。すさまじい災害だった。

大西山の崩落した山腹はいまも荒々しい山肌を剥き出しにしている。その直下、山津波に直撃されたかつての集落跡は台地状にならされて、桜公園となっているのだが、そのなかの一段と高いところに、崩落山腹を背後にして大きな観音菩薩銅像が建立され、石段下には、ここで亡くなられた四十二人の名を刻んだ石碑が据えてある。観音様に合掌して死者の冥福を祈り、目を上げると、十八万平方メートルもの広大な崩落山腹がぼくの上におおいかぶさってくるようで、思わず後ずさりしたものだ。

# 6

天竜川上流には、大鹿村を流れる小渋川のほかにも、大支流だけをひろっていっても、三峰(みつみね)川、与田切(よたぎり)川、中田切(なかたぎり)川、大田切(おおたぎり)川などが流入していて、そのほか数々の支流でも三六災害が起こっている。長野県災害対策本部の七月十四日の集計で、伊那谷を中心とした三六災害の死者・行方不明者は百三十九人、負傷者約千人、罹災世帯約二万戸、罹災者約八万七千人となつている。農林業被害も交通関係被害も莫大なものだった。

木曾山脈（中央アルプス）に源流域を持つ与田切川はなかでも急勾配のために古くからあばれ川として知られている川だ。その流域は上伊那地方の飯島町であり、与田切川は飯田線飯島駅の南を流れて天竜川に注いでいる。与田切川の上流は与田切渓谷で、瀬と淵が連続する奇岩絶壁の渓谷だが、その手前、与田切川が天竜川の広大な河岸段丘に出てくるあたりに、十年ばかり前から与田切公園が設けられている。

公園一帯にはアカマツを主体とした天然林がひろがっている。天然林に加えての植林も行なわれていて、建設省の天竜川上流工事事務所による「緑の砂防ゾーン創出事業」が進められているところだ。川の両岸に樹林帯をつくり上げることによって、土砂の流出を抑制し、また土砂を拡散させ堆積させるのが、「緑の砂防ゾーン」である。

公園内の川は自然石を使った親水護岸になっていて、子供たちがはだしになって遊べる川になっている。ぼくがこの川に入ったのは今度で二回目だ。今度は渇水でほとんど流水がなかったのだが、或る程度の水があるときでも石伝いに対岸まで渡ることができるようになっている。河床に固定した大転石を踏んで行く。これらの大きい石はすべて、かつての洪水で流れてきたものだ。

河床のほぼ中央に、巨大な岩がある。これも現在は固定してある。人の背丈の倍近い高さの大きくて丸っこい岩だ。三六災害のときの土石流で上流から流されてきたものだという。小屋一軒分はある巨岩が濁流のなかを転がり流れてくるときの光景は、いったいどんなものだったのだろうか。巨岩の前に立ってみると、自然のエネルギーの巨大さに、息を飲んでしまう。

別の支流でのことだが、三六災害のときの鉄砲水で流れる岩同士がぶつかり合って火花を散らせる有様を聞いたことがある。夜の闇のなかに散る火花は、岸辺の人びとに竜の怒りと見えたという。天竜川という川名は、竜神信仰と結びついている。濁流のなかに光る火花は、竜神の眼の怒りの火なのだ。人間がダムで川を分断し、山々の森を乱伐して荒廃させてきたことへの竜神の怒りが、このたびの大災害なのだろうと、人びとは畏れながら語り合ったということだ。

その竜神の怒りを思い出させ、襟を正させてくれるのが、与田切川の河床に鎮座しているあの巨岩なのだ。

# 7

天竜川は特異な川だ。たいていの川は山々から流れ出てくるけれども、この川は湖から流れ出している。

諏訪湖が、天竜川のいわば源流である。水源なのだ。長野県中部の山岳地帯に位置している断層陥没湖の諏訪湖は、湖面海抜七五九メートル、周囲一六キロメートル、平均深度四・七メートルと浅い湖である。

もちろん、諏訪湖に降る雨だけでは湖は干上がってしまう。諏訪湖の四周の山々から、大小三十一本の川が湖に流れ込んでくるので湖の水が保たれている。そして、流れ出てゆく川が天竜川だ。諏訪湖から流れている川はほかになく、天竜川一本だけである。

諏訪湖から天竜川への水の流れ出すところが釜口と呼ばれている。諏訪湖を大きな釜と見立てて、その釜から水の流れ出すところを釜口と言っているのだろう。

釜口に水門がある。釜口水門だ。旧釜口水門は天竜川にすこし入ったところにあった。昭和十一年(一九三六年)、天竜川の流量調節のために建設されたのだが、約半世紀後の昭和六十三年(一九八八年)からは湖口近くに新設された新水門が諏訪湖の水位と天竜川の流量を管理している。

そよ風で湖面にさざ波が動いていた。静かで美しい風景だ。湖岸公園に建てられている与謝野晶子の歌碑のうたと同じ景色だ。

諏訪の湖(うみ)天龍となる釜口の水しづかなり絹のごとくに

晶子がここに遊んだとき、すでに水門があったのかどうかは知らないが、あばれ天竜がここではこんなに静かなのかとほっとするような穏やかな水景である。

だが、実は、諏訪湖という湖水は水質汚染がはげしい。水質浄化の努力はつづけられているけれども、なにしろ湖の四囲は人びとの暮らしに取り巻かれていて、生活排水も産業排水も農薬や化学肥料も流れ込んでいる。晶子時代にはなかった化学物質が家庭からも工場からも農地からも諏訪湖に注いでいる。一見美しく澄んで見える諏訪湖だが、その水は汚染されている。

諏訪湖から流れ出た天竜川が、ひろびろと開けた伊那盆地へ出ようとする寸前、辰野のあたりは、昔から蛍の名所だった。天竜川の本流の岸辺に、夏には蛍が群舞していた。だが、いまは天竜川本流から蛍がいなくなってしまった。その主な原因が諏訪湖の水質汚染なのだ。蛍の幼虫も、幼虫のえさになるカワニナも天竜川では生きられない。山からきれいな水を運んでくれる支流の流れがあればいいのだが、このへんでは諏訪湖の汚染水がそのまま流れている。

辰野はいまも夏になると数万の蛍が群舞する「蛍の里」として知られているけれども、その蛍の生息地は天竜川本流の岸辺ではなくて、河岸段丘上の休耕水田を使って山からの水を引いている飼育地なのだ。辰野名物の蛍復元の努力には頭が下がるけれども、ほんとうの復元は天竜川本流の水辺で蛍が舞うときだ。しかし、その希望はほとんどないだろう。辰野の人びとの努力ではそれは全く無理だ。諏訪湖の水が与謝野晶子の見た水にもどらなくてはならない。諏訪湖の水質はたぶん少しは良くできるだろうが、化学洗剤も農薬や化学肥料も使わない生活がもどり、工場からの排水が厳密に浄化されないかぎり、それはむつかしいことだ。

## 8

天竜川は水源の諏訪湖から河口の中田島砂丘まで、あらゆるところで人間の生活と深くかかわってきた川だ。深山幽谷を流れているのは支流の上流部分だけで、天竜川本流は良くも悪くも人間活動と強く結びついている。

旧釜口水門にしても、流域の人びとの利害が地域で対立することが多く、大雨のときには「開けろ」「閉めろ」の争いが絶えなかったそうだ。その争いが大乱闘事件となって警官隊が出動したことさえあるという。新釜口水門は流量調節能力が大きくなって、その心配は少なくなっているのだが、しかし天竜川が流域に住む人びとの生活とかかわり安全とかかわっていることに変わりはなく、いつどんなことが起こるものか判らない。

天竜川本流の階段状のダム列が、これも洪水調整機能を持つと同時に、土砂堆積と河床上昇の問題を解決しているとは言えない。現実論としてダム撤去が不可能ということならば、問題の根は残ったままである。また、河口部への土砂補給は自然状態であった天竜川の時代へもどることはできない。

それぞれに、それなりの対策は立てられているけれども、それはいわば応急の対症療法であって、根本治療ではない。人間が自然を改造したことから起こってきたマイナスを、さらに人工の力で抑え込んでいるだけだ。

天竜川という川は、そういう川なのだ。人間の生活にかかわり深いだけに、人間があまりにも手を加えてきた。それには仕方のないことが多かったと言えるだろうが、いつまた、竜神のはげしい怒りに遭うかも知れない。

諏訪湖と天竜川上流の水質汚染にしても、目に見えにくい災害と言っていい。「三六災害」は竜神の激怒を見せつけたが、水質汚染という災害も竜神のひそかな怒りを買っているのではないだろうか。

河床上昇による水位の上昇のために、六世紀の古墳が水没している例もあると聞く。古代の人びとは、ここなら洪水の心配はないと見きわめて、大切な古墳を建てたにちがいない。そこが、千数百年後の二十世紀に、人間が引き起こした河床上昇のために水没するとは、まさか想像できなかっただろう。思いもかけぬ災害が古墳を見舞ってしまったのだ。

川とは複雑で精妙なものだ。支流やそのまた支流や、その先々の小枝のような沢水もふくめた一つの水系が、まるで生きもののようなふるまいを見せているものだ。もちろん、源流域の山々のありかたが水系に大きくかかわっているし、流域に住む人間の暮らし方にもかかわっている。川は——水系は、人間に影響を与え、また人間から影響されつづけている。天竜川三六災害は、川と人間が相互に激しく影響しあったための悲劇であったと言えるのではないだろうか。

川と人間とは、もともと敵対する関係にはない。川は人間をおおらかに抱いていてくれた。人間は川から多くのめぐみを受けてきた。暮らしに欠かせない水を川からめぐまれ、川を交通運輸の便利な道にもしてきた。川漁は言うまでもない。洪水の運んでくれる山からの豊かな腐葉土が岸辺に溢れて大地を肥えさせてくれてもいた。川の氾濫と付き合って暮らす方法も持っていた。川とふたたび仲良く生きる方法が、現代人によって新しく見出せないものであろうか。

有珠山噴火

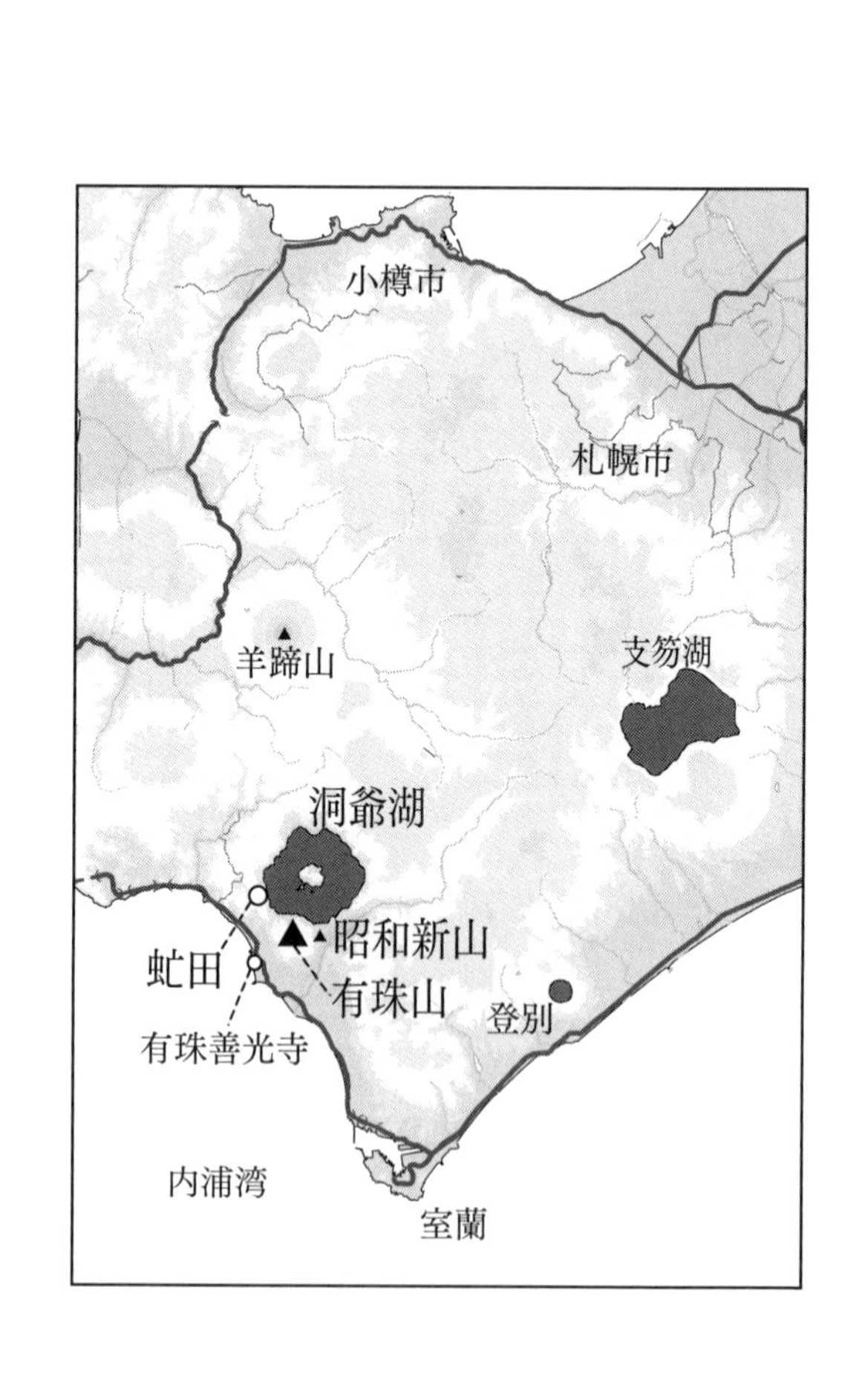
小樽市
札幌市
羊蹄山
支笏湖
洞爺湖
昭和新山
虻田
有珠山
有珠善光寺
登別
内浦湾
室蘭

# 1

雲仙普賢岳の噴火が始まってから三年目の一九九二年三月、ぼくは北海道の有珠山山頂部に立って十五年前の大噴火の跡を見ていた。一九七七年（昭和五十二年）八月七日からの噴火活動によって、山の姿は大きく変化していた。以前からある大有珠と小有珠の両峰のあいだに、有珠新山が荒々しい姿を隆起させていた。小さな丘にすぎなかったオガリ山も大有珠に迫る高さに成長していた。

「あのへんに湖があって、ボート遊びができたのですが……」

案内してくださった役場の人が指さすあたりに、かつて岸辺に木々が茂り立っていたという山上湖はなく、代わりに水蒸気が噴き上げていた。水蒸気は有珠新山の山腹からも立ち上っている。大噴火から十五年の歳月を経てもまだ山は静まりきっていないのだろうか、熱い蒸気の噴き出している一帯には雪が積もっていなかった。

山頂展望台に立って、火口部から噴き上げてくる強い風によろめきながら、ぼくは十五年前のこの場所の光景を想像していた。眼下の火口から一万二〇〇〇メートルの噴煙が上空へ巨大な柱となって立ち上り、火と煙と轟音のなかで山上湖が消失し新山が盛り上がっていたのだ。

天地創造の光景があったのだろう。「動かざること山の如し」というけれども、山は動くのだ。

山は吠え、身をよじり、姿を変えるのだ。火と煙を噴き上げ、灰と石を飛ばし、大音響を立てながら、変身をつづける。

はるかに遠い九州の雲仙普賢岳でも、山は動きつづけていた。火山列島である日本列島では、太古から繰り返されてきた光景だ。

約十万年昔とみられる洞爺古火山の噴火活動につづいて洞爺カルデラが形成され、その湖水南岸に有珠山が生まれるのがおよそ一万年前のことだが、そういう古い世のことはさておいても、ここ数百年のあいだにも有珠山の噴火がたびたび記録されている。

記録されている大噴火を列挙しておく。

慶長十六年（一六一一年）
寛文三年（一六六三年）
明和五年（一七六八年）
文政五年（一八二二年）
嘉永六年（一八五三年）
明治四十三年（一九一〇年）
昭和十八年（一九四三年）
昭和五十二年（一九七七年）

一世紀に二、三回の噴火である。一九四三年の噴火では山麓に、昭和新山と呼ばれるようになる標高四〇六メートルもの寄生火山を生成させている。

一九七七年の噴火は、虻田（あぶた）町の洞爺湖温泉を石と灰の町にし、洞爺湖の湖面を軽石で埋めつくした。山の木は枯れ、田畑は石と灰の下になった。人びとの暮らしが崩壊した。だが、死者は一人も出さなかった（ただし翌一九七八年秋の泥流では三人が死んでいる）。

## 2

雪の有珠山に立った年の夏、虻田町長岡村正吉さんから、ワープロ打ちの小さなパンフレット「有珠山噴火回想――雲仙普賢岳噴火に思う」が届いた。次のように書き出されている。

雲仙普賢岳からのニュースを聞くたびに、私は十五年前の有珠山噴火の修羅場につれもどされる。

当時、洞爺湖温泉町の全住民は五千二百人［虻田町全体では一万三千人］。避難命令はまる一カ月間。この間が私にとって、初めて出会った超多忙ということだった。この一カ月間、私の帰宅は毎日十二時すぎ。ザブンと風呂に飛び込んでベッドへ。すぐ熟睡。五時にはバッチリ目覚める。作業服を着て役場へ。役場はもう戦場。七時になると「町長、早く食事をして下さい」とせきたてられて大食堂へ。町議会議場がいつの間にか大食堂と化していた。ここで三食とも規則正しくドンブリめしにパクつく。この食事の時間に全国から寄せられた見舞いや激励の手紙の束を見る。右手でハシを持ち、左手でハガキを読む。だからハガキが一番ありがたい。封書はめんどうでダメ。それにしても全国から物すごい量のはげまし。小学校卒業以来音信のなかった幼友達からの便りもあった。

一番困ったのは電話。回線がパンク、「半日かかってようやく通じた!」という人もいた。だが、こちらは受話器を持ったまま次々と電話の応対で、他の仕事ができない。とうとう「どんなエライ人の電話でも取りつぐな」ということにした。

だから、私は島原へは電話をかけない。ハガキで見舞うことにしている。

この間、避難した温泉町の住民も、受入れ側の虻田本町の住民も、みんなふだんの何倍もの忙しさ。この期間、ふだん病気がちの人間もみんなシャキッとして元気になった。町内のお寺も、避難所か炊き出し所になった。でもこの期間、お葬式はなかった。ふだんは月、十件ぐらいのお葬式はあるというのに。

有珠山噴火は住民に病気になるヒマも、死ぬヒマもあたえなかった。どっと疲労が出て役場も病人続出となったのは、半年後の暮れから正月すぎのことだった。

この岡村町長が乗っていた町長公用車が、虻田町火山科学館に展示されている。噴火初期、石と灰の降るなかを岡村さんはこの車で走りまわり、緊急事態の指揮をとっていた。

町長公用車は屋根もボンネットも無数の傷だ。降ってきた石でそこらじゅうにへこみができている。フロントガラスも石に直撃されている。車がこれだけ傷だらけになるなかをひるむことなく走りまわり、沈着に的確な判断をしていた岡村町長がいなかったら、どんなパニックが起こっていたか分からない。

当時の虻田町助役石崎美彦氏が、北海道テレビ放送発行の『有珠山』(岡村正吉編)に、「石の雨、灰の山」という一文を書いておられるが、そのなかに、こんな一節がある。

こうした緊迫した状況の中で、もっとも恐しいのは、デマの発生とそのために起るパニックです。

極限に達した人々の不安動揺。そのはけ口は「避難命令」の権限をもつ町長にむかって押しよせてきます。

この時、型にはまった紋切り型の説得ではおさまりつかぬとみた岡村正吉町長は、一切の広報機関に対し次のような指示を発しました。

「避難体制は完了している。オレが命令を出すまで、家でふとんをかぶって寝ていろ。避難のシンガリはオレがつとめる。死ぬときはオレがいちばん先なのだ」

まさに首領(ドン)の面目躍如たるこの一言で、町民は冷静さをとりもどしました。

避難用に手配していた六隻の遊覧船が使えなくなるという事態も発生した。エンジンの冷却水取り込み口に軽石がつまって航行不能になったのだった。そのほか種々の困難はあった。だが、町長をはじめとする役場職員や教師や医師たちの力で、全員無事に避難できた。なかには火山灰泥で立ち往生した車のなかでの出産もあった。警官が妊婦を守り、夫が泥雨と稲妻の下を走って三キロ先の医師を迎えに行き、ぎりぎり間に合った医師の手で車中出産が無事行なわれたのだ。危機のさなかで人びとが心をつないでいた。

## 3

一九七七年の噴火のとき、岡村正吉は町長になって三年目だった。岡村町長は虻田町に生まれ、室蘭中学校、弘前高校(旧制)を経て東京大学法学部に入り、学徒出陣。戦後は故郷に帰って漁業に従事していたが、やがて北海道庁水産部に入り、のちに教育行政にたずさわってきた。北海道教育長を五年間勤めてから故郷の町の町長になった人である。

この人のなかには、大きな人間信頼が横たわっている。噴火災害から立ち上がってゆく人びとの力を信じていた。噴火はむしろ町民を鍛えてくれたと言い、そこから復興の力を汲み上げていった。こんな一文もある。噴火に負けない力づよい言葉だ。

有珠山噴火は、ふだん病弱だった町民を健康にし、重病患者や老人たちまでの気力をふるいたたせ、生命を持続させたのだった。

全国から寄せられる救援品の小包のなかには誰も受け取らない古着があったり、十年も前からいろんな被災地を転送されてきたらしいカビの生えたものがあったりして、その処分に苦労させられもした。小包のなかには子供たちの心のこもった見舞いの手紙が入っていることもあるので簡単に焼却はできない。一個一個の小包をほどいて善意をえらびださなくてはならない。その作業に従事してくれた町民たちもいた。岡村さんは「有珠山噴火回想」のなかに、こう書いている。

ある日担当のI君が「町長、昨日、沖縄に強風災害が発生した。救援物資を募っている。小包を全部転送していいですか?」といってきた。

「虻田町に果た小包は全部、虻田町で処分すべきだ。一個一個こんぽうをほどいて、手紙や珠玉の善意をえらび出して、他はまとめて焼却すべきだ。手紙などには全部町長名でお礼状を出すこと。焼却はマスコミに見つからないよう山奥でやること……」などと指示した。

新聞報道によると、島原でも、救援の小包で倉庫が何棟も満ぱいとのこと。私はそのような記事を読むたびに、マスクをかけて、カビにむせびながら、小包をほどいて、善意を仕分けしてくれたボランティアの婦人たちの姿を思い出す。

また、道議会の災害特別委員会では、「なんでこんな形式的なことで時間を空費しなければならないのだろう」と、むなしい気待ちにおそわれもする。

しかし、岡村町長の人間信頼はゆらぐことがなかった。使えない救援小包に失望しながらも、それを仕分けしてくれるボランティアの婦人たちがいるではないか。議会がだめでも、民間の医療奉仕団が駈けつけてくれ、町民を感動させているではないか。お役所のなかにも、泊まり込みで応援に来てくれる人たちがいた。道民生部長は部下を連れて泊まり込みに来て、ぶあつい仮設住宅申請書類を作り上げ直接厚生省へ持ち込んでくれたし、国土庁のY審議官は何度も大臣や国会議員団を案内してきてそのつど自分だけは居残って災害時行政の助言をしてくれた。

泥灰の町が復興して行った。たんに泥灰を除去して元の町をとりもどすというのではなく、噴火以前よりも美しい町にする計画が進められた。花の町づくりがはじまり、洞爺湖畔を彫刻公園にしてゆく計画も推進された。有珠山噴火によって洞爺湖温泉への観光客がとだえ、噴火の年の暮れには、「客のいない飲み屋街を私たちは肩を組んで泣きながら飲み歩いた」というが、観光復興キャンペーンをつづけて年々客数を取り戻し、十年たって噴火前の年間百万人を超え、さらにその数を増やしてきた。

噴火による人身事故をゼロにおさえた虻田町だったが、山腹に厚く積もった泥灰が雨のたびに泥流を引き起こす。噴火から一年四ヶ月後には大泥流が町を襲って三人の死者が出た。その直後、町の人びとが力を合わせて泥流の流路二本を掘るのだが、もう一本の流路がどうしても必要だった。その流路は繁華街を通ることになり、地権者や店子の同意はほぼ不可能と見られていたのだが、岡村町長は「有珠山防災登山大作戦」をはじめる。住民たちに自分の目で泥流発生時の危険を見てもらおうと、一組五十人ずつ何度も何度も希望者がなくなるまで登山をくりかえし、毎回かならず町長が先頭に立って案内役をつとめた。そして、登山作戦が終わった頃には住民意識が変化していた。第三の流路建設案があっさりと了承されたのだった。

## 4

虻田町教育研究会編『石の雨が降った日——有珠山噴火と闘った子供の記録』が、噴火から二年後の一九七九年（昭和五十四年）に、北海道新聞社から刊行されている。

この本の第四部が「たちあがる人々」と題され、その一節に、「ひとまわり成長した私達」という見出しの下に、中学生四人の作文が紹介されている。

作文の前には、中学校教頭佐々木敬氏の文が引かれている。「私たちが失ったものは大きかったが得たものもまた大きかった。どちらかというと都市型の閉鎖社会であった洞爺湖温泉に町民の連帯が芽生え、相互援助、協力の気持が強まった。子供たちも例外ではない。物質的に恵まれて育ってきた子供たちがはじめて人生の試練にぶつかったのである。避難生活を通して忍耐と友情と人間の善意の美しさを知った子供達はそれぞれひとまわり成長した。」

災害はその規模と性質によって多様な相貌を見せるもので、なかには人びとの生きる気力を根こそぎ奪い去る災害もあるのだが、有珠山噴火は、町長をはじめとする優れた個性の人びとの力もあって、人間を鍛え、成長させる機縁にもなったのだった。

一人の男子中学生は作文の末尾に、これから自分のなすべきことを三つ挙げている。親に心配をかけない、どんな手伝いでも進んでやる、決してわがままを言わない、の三つである。噴火以来の親の奮闘を目のあたりにしていたための決意だろう。

女子中学生の一人は、「今まで災害の体験がなかった私は、他の所で災害が起きても無関心でしたが、つい最近発生した伊豆大島近海地震の被災者の気持なども、わかるような気がします」と、他者への思いやりの心を噴火によって育てている。

「噴火が起爆剤になって」（虻田中学校三年・渋川賢一）という作文もある。これはほぼ全文を読んでいただきたい。

「渋川、合格おめでとう」

「いよいよ栄高生になったな」

次々と先生方が手を握ってくれる。生徒会のスポンサーの先生がポンと肩をたたき、「偉いぞ、会長、しっかりやれ」と激励してくれた。

今、私は、九年間の義務教育を終えて高校へ進学しようとしている。ふりかえってみると、この一年間は私にとって本当につらいものだった。

新学期に生徒会の会長という役職につき、自分のもつ責任の重さに不安をもちつつスタートを切った。(中略)

しかし、私たちの活動に大きな障害があった。それは、学校祭の原案作成に入ろうとした矢先の「有珠山噴火」であった。せっかく準備を進めようとした時、有珠山が噴火し、学校が避難所になっていて、登校することすらできない。といって家で落着いて受験勉強するほど余裕のある毎日ではない。私たちの計画予定は大きく狂った。

九月に入って噴火も落着き、一応避難命令も解除された。学校も始まり、私たち執行部はさっそく学校祭の計画と準備に入った。

学校祭は思いのほか、成功であった。去年に比べて内容(規模)はいくぶん縮小されたが、全員による学校祭として考えるとすばらしいものであった。テーマが〝復興へのいぶき――ふれあう心と若き情熱――〟というものであり、全員の血と汗が光っていた。

私は虻中生の強い協力の跡を感じとってとても満足であった。それを契機として、私は受験へ向けてスパートした。考えてみると、私にとって有珠山噴火は大きな起爆剤であった。

会長という仕事に不安をもちつつ始まった昭和五十二年が、私にとって、もっとも充実した年になった。（後略）

もしも生徒たちに死者が出ていたらどうなっていたかは分からないけれども、この作文には育ってゆく人間のたくましい力がある。有珠山噴火という危機はこの少年だけでなく、多くの人間を鍛えたのだ。泥雨のなかの車中出産で子を得たホテル調理士のIさんは、「この子の誕生をめぐって寄せていただいた多くの人たちの善意にこたえるためにも、丈夫でしかも心のやさしい、思いやりのある子に育てていく責任が、私ども夫婦にはあるのだと、いつも心にかたくいいきかせている」と、その手記に記しておられる。

一九七七年有珠山噴火をめぐっては、ここまでに引いてきた諸書のほかにも、『噴火の人間記録――有珠山から感謝をこめて――』『有珠山噴火に負けてたまるか』『物語虻田町史』第五巻などいろいろあるのだが、それらの記録を読みながらいつも思うのは、人間はやはりすばらしい、ということだ。人間への信頼感が湧き出し、ふくれあがり、人間讃歌をうたい上げたい気持ちになる。

## 5

有珠善光寺の境内に有珠郷土館がある。その展示品の一つが文政噴火のときの死者名をつらねた過去帳だ。

そこには「ウス山焼(やまやけ)」で死没した人びとの名が、法名と俗名で記されているのだが、その大半がアイヌの人びとである。法名は漢字で記され、俗名はカタカナで記されている。アイヌ人死者四十四人、和人死者六人。当時の有珠山周辺の人口がどのくらいだったか分からないが、死者五十人というのは大変な数だっただろう。官営牧場の馬も千四百余頭が熱雲(熱泥流)で死んでいる。

善光寺役僧の日記によると、文政五年(一八二二年)二月一日(旧暦)、朝の勤行をしているときに山が鳴動し地響きが起こって、「百千万の雷電」が落ちかかってきたようだったという。びっくりしているところへ知らせが来た。遠眼鏡(とおめがね)で見たところ、アブタ(虻田)一帯に黒煙が走って海上まで押し出し、火の手が上がっているとのこと。そこへまた、災害状況を実見した男が注進に来て、詳細を報告。それによると、焼灰と猛火が前山一面にあふれ出して、ヲサルベツからフレナイまで草木ことごとく押し倒され焼きはらわれているという。アブタ一円和人の家もアイヌ人の家も一軒のこらず焼失し広々とした野原になってしまった。焼けただれた死体の転がっているあたりで泣き叫ぶ声が聞こえたけれども煙が深くて近寄ることもできなかった。やむなく浜辺伝いに走って注進に来たのだが、その途中、アイヌ人の死者のほかにも、馬や犬の死体が数知れず水辺に焼け込んでいたようだ、という報告であった。

一九八〇年(昭和五十五年)、有珠山・内浦湾を一望する台地に、虻田町歴史公園がつくられた。虻田町開基百八十年と戸長役場設置百周年とを記念し、あわせて噴火災害からの復興を謳う事業だが、この公園に、文政噴火による死者をとむらう墓碑と、そのとき焼け死んだ多数の牧馬の霊をなぐさめる馬頭観世音碑が建立されている。

公園の中心部には、巨大な自然石が立っている。「虻田町先住アイヌ民族慰霊牌」である。『有珠山噴火に負けてたまるか』の解説文に、「北海道開拓の歴史を通して蔑視され続けてきたアイヌの痛みを、みずからの痛みとしてうけとめたいという、岡村らしい発想である」と書かれている、そのシンボルとしての碑だ。

虻田を訪ねたぼくを岡村町長がまず連れて行ってくださったのが、この公園だった。一九七七年の有珠山噴火には直接の関係はない場所だが、岡村町長としては、この一帯の土地がもともとアイヌの人びとの天地であったことをぼくに知っておいてほしかったのだ。

一九九〇年からは毎年秋に、この公園でアイヌ民族古来の作法にのっとって、イチャルパ(慰霊祭)の儀式が行なわれている。ウタリ協会虻田支部と虻田の歴史を考える会によって行なわれるこの儀式に、岡村町長も招かれる。格式高いアッシを着て、いろりをかこむ祭儀に加わるのだ。

七七年噴火は、こんなふうに、歴史をしっかり見直すということにつながっている。災害が災害にとどまっていない。復旧だけに視野が限られるのではなく、有珠山という火山と共に生きることを、歴史を尊重する心で学んでゆく。

## 6

有珠山は一九四三年（昭和十八年）十二月からの二年間にわたる火山活動で、東南山麓の麦畑を推し上げて寄生火山を誕生させた。昭和新山である。

戦争中のことだったので、民心の動揺をおそれた軍部によって報道が規制されていたのだが、この火山隆起を詳細に記録していた人がいた。壮瞥（そうべつ）郵便局長三松（みまつ）正夫氏である。

隆起を正確に観測しつづけて記録した図は、戦後の一九四八年、オスロで開かれた世界火山会議で発表され、その席で「ミマツダイヤグラム」と命名された。世界の火山学にとって実に貴重な収穫だつた。（戦後すぐの時代のことで、三松正夫氏が直接会議に出席することはできず、日本の火山学者からノルウェー大使に渡されて、帰国した大使によって会議へ提出された。）

ミマツダイヤグラムの原図はいま東京・上野の国立科学博物館に展示されているのだが、同じものが、昭和新山のすぐふもとにある三松正夫記念館（昭和新山資料館）にも掲げられている。三松正夫による有珠山噴火の多数のスケッチと共に、見る者に「山は動く」「大地は動く」と実感させるものだ。

ミマツダイヤグラムや噴火スケッチ群を見たあとで、記念館の玄関へ出てみると、目の前にそびえ立っている赤茶けた山が、つい半世紀前に生まれたということが、あまりに生まなましく迫ってくる。山裾には草木が茂りはじめているけれども、大半はまだ緑を寄せつけない鉄銹（てつしゅう）色の山塊だ。中腹からは水蒸気がはげしく立ち昇っている。高熱の山だから雪もたちまち溶けてしまう。この山が冷えきって冬は雪で白くなるのは、いつのことだろうか。

三松正夫著『昭和新山』（昭和新山資料館、一九五五年）のなかに、当時の様子がこんなふうに書かれている。


私は幼少の時から、この山の麓に住み、明治43年と昭和18年の2度の活動に遭った。明治活動には僅かな亀裂、爆発と山の推上がりが有ったが、僅か2ヵ月ほどで済み、その位置も有珠山北方の山ふところであったので、被害は案外少なかった。しかし昭和活動は昭和18年12月28日午後7時、突然の地震を感じたのを切っ掛けとして同20年の暮まで、満2ヵ年の長い間続いたのである。多くの鳴動（鳴音を伴う地震）につれて極めて緩やかに、大小無数の亀裂と、周囲12㎞余、6部落の区域に柳原、西九万坪、東九万坪（昭和新山の基座）という3個の大隆起。4ヵ月も続いた大爆発、1ヵ年に及ぶ熔岩塔の推上げ等々、次から次ぎと休みなく続き有珠山頂から3㎞も離れたその東南麓の、広い田畑の続く人里に、周り4・5㎞、径1㎞、高さ406mの親山によく似た寄生火山「昭和新山」をポッカリ築き上げてしまったのである。

大地が日々に盛り上がっていたのだ。田畑には亀裂が走り、家の軒が傾き壁が崩れる。井戸が壊れる。しかし、それでもゆるやかな変化なので、人びとは不安ながらも住みなれた土地を離れずにいた。荒れた田畑を手入れし、傷んだ家をつくろって、なんとか暮らしていた。だが、足もとの大地はその間にも隆起を続けていたのだ。

……活動を始めてから177日目にもなると、窓からは今まで見えなかった海や山々がよく見えるようになった。家が屋敷や田畑山林諸共(もろとも)、30m余も推上がっているためであるが、部落の人々はこれに気付かず、作物が青々と育っている田畑が縦横にできた亀裂に無惨にも荒らされ、手の付けようもないので途方に暮れ早くやんでくれることを祈っていた。

その麦畑に大爆発が起こるのだ。隆起が激しくなり、田畑は灰に埋もれ、ついに昭和新山が生まれる。その間、さまざまの危険はあったのだが、さいわい全員なんとか避難して死傷者はなかった。三松正夫は起こりえた大災害を数え上げ、「幸い人畜に死傷がなかったことは奇蹟であった」と言い、しかし、「たとえ［火山活動が］緩やかであっても逸早く退避すべきである」と警告している。

# 7

災害は、くりかえし言うけれども、それぞれの顔を持っていて、噴火であれ地震であれ台風であれ、一つにはくくれないものだ。と同時に、災害からの復興もまた、それぞれの顔を見せている。そこには人間がより多くかかわるだけに、災害の個性以上に復興の個性はさまざまである。

七七年有珠山噴火の場合は、「一番めざましい活躍をしたのは教師たち」（岡村正吉「有珠山噴火回想」）だったという。避難児童生徒の所在確認から仮教室での授業開始はもちろんのこと、虻田町教育研究会を組織して、壁新聞を発行し、副読本『火の山有珠』をつくって全道の小中学校と全東北の中学校などへ配布し、住民の復興意欲を盛り上げていった。噴火から一年も経たないうちに火山科学館を開館させることができたのも教師たちの力があったからだ。教師たちはまた、『噴火の人間記録』を講談社から、『石の雨が降った日』を北海道新聞社から刊行していった。いずれも噴火から一、二年のうちに迅速に成し遂げられた仕事だった。そして、虻田町教育研究会が、一九七九年北海道新聞社社会文化賞を受賞する。その祝賀会が、「先生方に感謝する住民の集い」という名で開かれた。

教師たちは、キャンセルの相つぐ修学旅行対策にも奔走して、洞爺湖観光の復興にも尽力しているが、なによりも被災住民の復興への気力をかきたてる役割が、出版活動などによってなされたのだった。泣き言を言うのでなく、みんなが胸を張って生きる道をさし示していた。その役割はとても大きい。

交通規制が解除されてからも、しばらくは観光客がほとんど来ない日が続いていた。町と観光協会は、観光復興のキャンペーンをつぎつぎ打ち出していった。安全PRにはじまり、近隣市町村の老人クラブ代表を噴火見舞いに感謝して無料招待した。北海道の校長会長をブロックごとに無料招待。実際に来て泊まってもらうことが何よりの安全PRになるということだ。「有珠山噴火謝恩、サンキュー(一泊二食付き三千九百円)キャンペーン」も始められた。会食中に地震が一回来たらお銚子一本を無料サービスするホテルもあった。

噴火予知連による火山活動終息宣言が出されたのは噴火から約五年後の一九八二年五月だった。その翌月から、洞爺湖ロングラン花火大会がスタートする。打上げ花火大会と水中花火大会が連日連夜、洞爺湖のどこかで開かれた。観光協会主催のもののほかに、主だった旅館やホテルでも独自に花火大会を開いていた。その背景には、噴火以来芽生え育った、人びとの連帯感がある。

洞爺湖畔には、新しく湖畔遊歩道がつくられ、火山灰埋立地は「噴火記念公園」になり、湖畔全体が「洞爺湖ぐるっと彫刻公園」と命名され、湖畔のそこここに世界・日本の彫刻家による作品が野外展示されている。噴火がなかったとしたら、はたしてこれだけのことができたかどうか、大いに疑問である。

安田侃作「意心帰」は、ぼくのいちばん好きな作品だ。白大理石のなめらかな巨岩が、まるでそこに大昔からあったかのように鎮座している。湖と山々に向き合って、洞爺湖と有珠山のつくる天地に溶け込んでいる。というよりも、この天地に新しく息吹きを与えているようだ。自然石かと見えるこの彫刻作品によって、洞爺湖の風景がアクセントを持ち、ひときわ美しく見えている。

有珠山はいつまた噴火するか分からない。しかし、この土地の人びとは火山と共に生きる道を、すでに身につけている。

# 狩野川台風

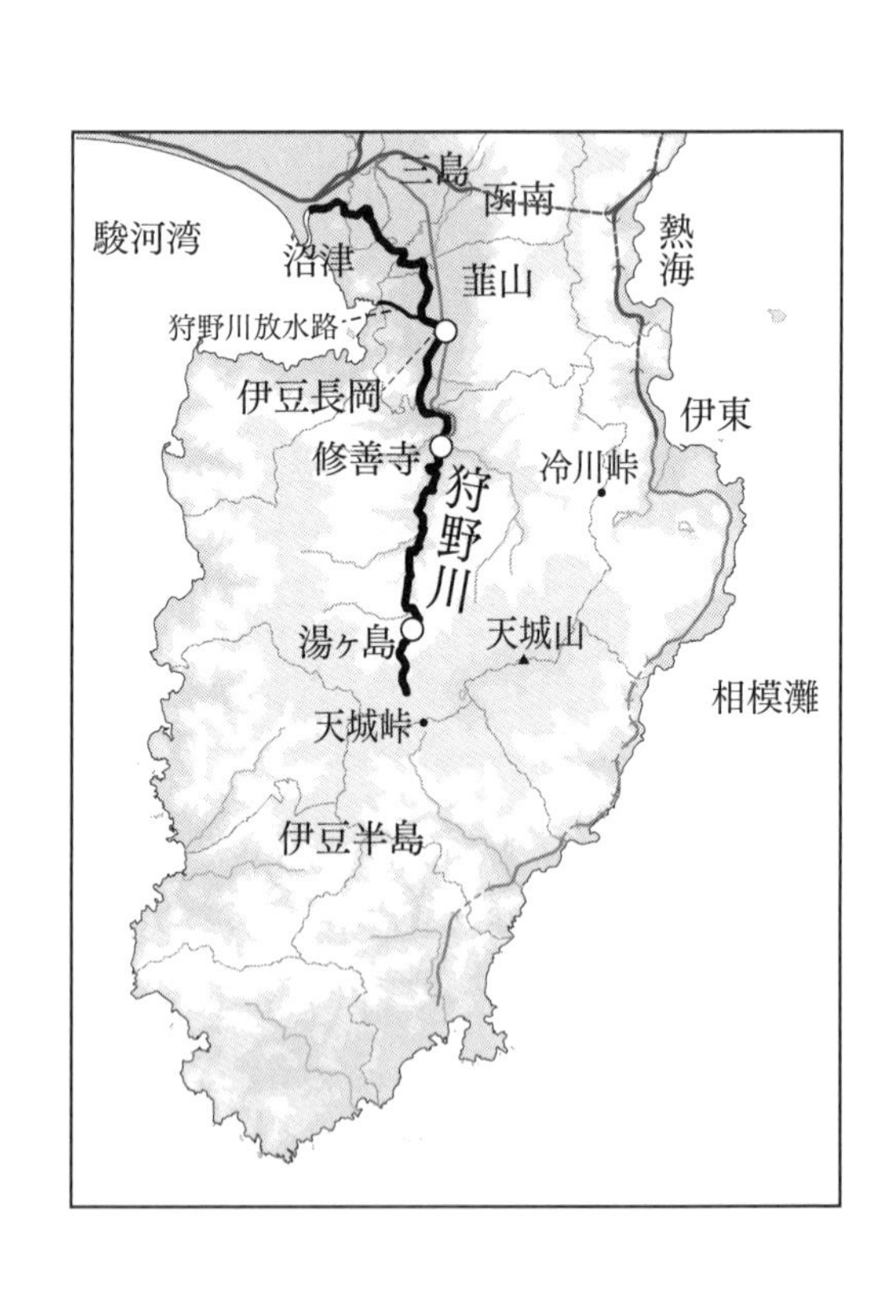

三島
函南
駿河湾
沼津
熱
海
韮山
狩野川放水路
伊豆長岡
伊東
修善寺
冷川峠
狩
野
川
湯ヶ島
天城山
相模灘
天城峠
伊豆半島

# 1

修善寺町の熊坂地区で区長を勤めている田島諭さんの右膝の上に、大きな傷跡がある。いま六十二歳の田島さんが二十五歳のときに、狩野川（かのがわ）の波打つ濁流のなかを流木と共に流されて受けた傷の痕跡だ。田島さんは夜の狩野川を十数キロ流れた。濁流に落とされたり、丸太に這い上がったりしながら、あまりの大波に海へ出てしまったかと錯覚することもあった。鉄橋の橋桁にぶつかる寸前、流れに落ちて激突をまぬがれたこともあった。やがて流れのゆるやかなあたりに出て、気力を失い丸太の上にうずくまっていた田島さんを、舟で助けてくれた人があった。狩野川のはるか下流、函南（かんなみ）町肥田（ひた）近くでのことだった。

田島さんはそのまま三島の病院に運ばれ二度の縫合手術を受け、一ヶ月半の入院生活を送るのだが、そのあいだにつぎつぎ、家族の死を知らされる。父と母と姉二人の遺体が狩野川下流のあちらこちらで収容されていた。重傷で動けない田島さんには肉親たちの遺体との対面もかなわなかった。

狩野川台風最大の被災地が、熊坂だった。熊坂は狩野川べりの長閑（のどか）で美しい農村だったが、昭和三十三年（一九五八年）九月二十六日の夜、九百人あまりの住民のうちの三百人近くが、狩野川の濁流のなかで生命を失った。住民の三分の一が一夜のうちに奪われたのだった。熊坂の家々と田畑はその大半が流され、土砂と流木と石ころの河原に変わっていた。

一家全員死亡という家々もある。生き残った人びとは、それぞれ家族を失って長く悲痛な日々を送った。田島さんもそうだったが、あの九月二十六日の夜のことは十数年、思い出すことも口にすることも避けてきた。熊坂の人びとが『狩野川台風災害記録誌・追憶』を編むのは、十五年後のことだった。

多くの人が、洪水のなかを流された体験を書くと共に、失った家族のことを記している。或る人は、激流に翻弄され、妻子の姿を見失って流され、もう駄目かなとあきらめかけていたときに舟で助けられたと書き、そのあとを次のように続けている。

堤防で夜の明けるのを待って舟で妻の里へ送ってもらいました。そこへ妹みどりも（舟に助けられて）来ました。

そのうち妻が函南の逓信病院に収容されて居る事が分かりすぐに面会に行きました。妻は肩を強打し一人では起きられない状態でした。

幸い私も妹も大した怪我をしていなかったので親戚の者と一緒にすぐ家族の捜索に出ました。でも三人以外に家族に生存者はいませんでした。

父文作（五十七歳）は函南町の慶音寺近くに、弟忠三（二十六歳）は水宝閣の近くに、妹芙美江（十五歳）は長岡町古奈の寺に、長男栄一（三歳九ヶ月）は沼津市大平の狩野川近くに、長女茂子

（九ヶ月）は函南町塚本で、妹喜久江は十一月になって韮山の役場近くに、それぞれ遺体で発見されました。

母静（五十三歳）の遺体はいまだに分かりません。病弱だった為、もちろん生存していないと思いながらも、しばらくは、もしやと期待したものでした。

惨めな重苦しい時期でした。

子供の遺体を河原で茶毘に付して遺骨を寺へ預け、毎日腰弁当で河口の沼津まで九十日間、妻の遺体を探しつづけた人もいる。当時小学校六年生の或る女の子は、泳げない自分だけは助かったのに、祖父母、父母、二人の弟を失った。父の遺体はとうとう見つからなかったという。また、「おじいさんの遺体は二日目にあがったようだ。おばあさんは十五日目、母はとうとうあがらない」と記している女性もいる。

熊坂近くの河原に茶毘の火が一週間あまり燃えつづけた。焼かれた遺体は三百七十余。熊坂と対岸上流の沖ノ原の死者合計四百余人の大半が、河原で火葬されたのだった。なかには、焼かれる寸前に生きていることを発見された中学三年生の女生徒がいたという。教え子たちを探していた先生が、すでに石油をかけられていた女生徒を見つけ、「あっ、この子生きている！」と気づいて助け出したのだ。（そのときの女生徒はいま三人の子の母になっておられるそうだ）

狩野川台風による死者・行方不明者は約千二百人、流失家屋は約千戸に及んでいる。

## 2

狩野川は昔から暴れ川で、「魔の狩野川」と言われてきた。水源域は天城山である。天城の山々の数多くの谷を流れてくる谷川がやがて本谷川と猫越川にあつまり、この二本の川が湯ヶ島で合流して狩野川となり、田方平野を蛇行しながら北流、箱根連山の裾野にはばまれて西へ曲がり、沼津で駿河湾に注いでいる。源流の山に大雨が降ると激しい洪水がしばしば平野部に溢れ、幾度も流路を変えてきた川である。

川端康成が大正十四年十月に書いている「初秋旅信」にも、狩野川の洪水のことが出てくる。当時、川端康成は狩野川本流の最上流部にある湯ヶ島温泉の湯本館によく長逗留していた。

魔の狩野川——狩野川はそう呼ばれている。魔の狩野川がどうしたこうしたと云う記事が、新聞の地方版に時折出ている。私がいる間にも、去年の秋と、この八月の末と、修善寺橋が二度も落ちた。

この辺は上流だから大したことはないが、川向うの湯口から川の上に架けてある樋が流される。この間の激流はずいぶん物凄かった。ごとんごとんと岩の流される音が聞えた。

語り伝えられている大水害には、寛文十一年（一六七一年）秋の「亥の満水」、寛政三年（一七九一年）秋の「第二の亥の満水」、安政六年（一八五九年）夏の「未の満水」などがある。いずれも残っている文書によると昭和三十三年（一九五八年）の「狩野川台風」よりも出水量は大きかったようである。田方平野が泥海となり、狩野川沿岸の田畑が広範囲に潰滅している。しかし、死者はほとんど記録されていない。わずかに、亥の満水のときに上流から六十六部姿の遺体が熊坂に流れてきたので、村人たちがこれを憐れみ六地蔵を建てて死者の霊をとむらったという言い伝えがあるくらいだ。

この六地蔵石塔も狩野川台風で流失してしまったのだが、それは狩野川台風のときの出水の大きさを語るというよりも、水勢の激しさを示しているのだ。亥の満水のときには、熊坂の高台にある自得院という寺の石段三段目までが水没したと言われている。語られてきた通りだとすると、亥の満水の氾濫水嵩は狩野川台風時の水嵩の何倍にもなるだろう。ただ、そのときの水はゆっくりと水位を上げていったのではないだろうか。田畑や家屋には大きな損失があったけれども、人びとが水から逃げて安全なところへ移る余裕はじゅうぶんにあったと思われる。

狩野川の洪水が多数の人命を奪ったのは、狩野川台風のときだけである。そして、なぜそうなったのかは、はっきりしている。

原因は修善寺橋にあった。川端康成の「初秋旅信」では、修善寺橋は大正十三年にも十四年にも落ちている。しかし、どちらの年の洪水でも人命は失われていない。昭和三十三年の狩野川台風でも修善寺橋は最後には落ちたのだが、不幸なことにそのときの修善寺橋は昔の橋よりもかなり頑丈に出来ていた。

源流域各地の山崩れで流れてきた流木や岩石が、修善寺橋につぎつぎ引っかかり、まもなく修善寺橋自体がダムの堰堤のようになってしまった。修善寺橋に堰き止められた水は橋の上流側にダム湖をつくり、なおも流れ込む洪水で水位を上げ、ついには逆流して行った。流下する激流と逆流する水とがぶつかり合い、波立っていた。そのときの橋上流側の水位を今度教えてもらったが、そこから見下ろす平常時の狩野川は遥か下に見えていた。まさにダム湖が出現していた状態を想像するのは容易だった。

数時間後、さすがの修善寺橋も、巨大な水圧を支えきれずに倒壊した。ダム湖と化していた水が一気に下流へ走った。古くからの木材流送法の一つに鉄砲堰がある。川の途中に仮設の堰をつくって水を堰き止めておき、そこへ流し込んだ大量の木材を、堰を切った勢いで下流へ流す方法である。鉄砲水で木材を走らせる危険な方法だが、水量の足りない川などで用いられていた。昭和三十三年九月二十六日の夜十時前後、鉄砲堰となった修善寺橋から鉄砲水が走った。流木と岩石を巻き込んですさまじい水勢の激流が下流を襲った。

修善寺橋のすぐ下手にあった修善寺中学校の校舎がまるごと流された。流れて行く中学校で振っている懐中電灯の光りが対岸から見えていたというが、その日宿直の若い男性教師は行方不明となり遺体は上がらなかった。

鉄砲水は中学校を押し流し、ばらばらにし、つづいて対岸の沖ノ原を襲った。大仁（おおひと）金山の社宅群を根こそぎにして、激流はS字にカーブして熊坂の家々を飲み込んだ。修善寺橋をS字の頂点とすると、沖ノ原はS字上部の湾曲の左外にあり、熊坂はS字下部の湾曲の右外にある。鉄砲水は沖ノ原と熊坂を深くえぐって走った。

# 3

修善寺橋が早くに落ちていたら、川水の氾濫はあっても、人間が濁流に流されて多数の死者を出すということはなかった。はやばやと修善寺橋が落ちていたら、鉄砲堰状態は生まれなかった。また、不運なことに修善寺橋の上流側は谷になっていて、橋が水を堰き止めるとダム湖のようになるのだが、さらに下流のほうの平野部に架かっている橋なら、流木などが橋に引っかかっても水は堤防を越えて溢れるだけで、鉄砲堰は形成されない。

川端康成が書いている大正十三年十四年の洪水でも、もしその時代の修善寺橋が頑丈に作られていたら、鉄砲堰となって大災害を引き起こしていたのではないか。さいわいなことに、橋はあっさりと落ちてしまったのだろう。狩野川台風時のような悲惨なことにはならなかった。

橋とはいったい何だろうか。

自然と人工とが真正面からぶつかり合い、その結果、大災害を招いたのが、狩野川台風だった。その焦点にあったのが、修善寺橋という頑丈な人工物だった。狩野川は昔からよく暴れていたけれども、それまでの橋は川の自然と力比べをするようなことはなく、したがって鉄砲堰を生むことはなかった。

熊坂の狩野川には、舟橋が架かっていた。小舟をたくさん並べてつなぎ、その上に板を渡した橋である。田島さんが、「狩野川にかけられた、情緒豊かな舟橋を渡ると、春は、菜の花の黄と、緑の田畑が広がり、新緑がもえる山々がほほ笑む」と懐かしく回想しておられる橋だ。上流の修善寺橋や、すぐ下流の大仁橋を渡るよりも、対岸へ行くのに便利な橋だったのだ。こういう橋は、古くは各地にあったもので、洪水のおそれがあれば引き上げておくことができる。運わるく流されても、あとで下流へ拾いに行き、修理してまた使えばいい。

四国の四万十川(しまんとがわ)も洪水の多い川で、かつては舟橋もあったが、さらに簡単な、板を紐でつないだぐらいの橋があった。大雨になると手繰り寄せて岸に上げておいたという。洪水が岸に溢れて橋の材料が流され、はるか下流まで拾いに行くこともあったと聞く。

現在、四万十川には、本格的な大きな橋も架かっているけれども、「沈下橋」と言われる橋がいくつか架かっている。手すりがなく、橋脚の少ない橋である。洪水のときに流木などが引っかからないで、橋の上下を流れ過ぎて行く橋だ。ぼくは数年前、戦後最大級とされる台風が四国へ上陸したとき、台風一過の翌朝、四万十川の岸辺を自転車で上流へ走ったことがある。沈下橋の一つのところへ行ってみると、岸辺の草が泥をかぶって倒れ、川幅いっぱいの茶色の濁流が底鳴りしながら渦を巻き波しぶきを上げて走っていた。沈下橋の上は一面の泥水だった。数時間前までは水中に没していた橋だ。激流のなかに沈下橋は平然としていた。流れはまるでそこに橋がないかのように、さえぎられることなく走っていた。自然と人工物とが、ほどよく折り合いをつけている光景だった。

橋は頑丈すぎないほうがいい。ときには流れてもいいのだ。昔と今とでは交通事情が大きく違っているので、そんなことも言ってはおられないのだが、自然に対して力で立ち向かうと、とんでもない不幸を招くことがある。堤防にしても、そうだ。強い堤防が、自然との力比べの頂点で敗れて決壊すると、そのときの出水の水勢は激しく、被害は甚大になる。江戸時代の狩野川ではわざわざ低い堤防にしておいて、ある程度で溢れるようにしていたところがある。それだと静かな溢水(いっすい)ですむ。その代りに家々に舟を備えておいたのだ。狩野川下流域の韮山の農家では戦後でも舟を常備している家が多かったそうだ。

狩野川台風災害は、のちに「人災」だと語られた。一つには、修善寺橋という人工物による災害だった。また、修善寺橋のその夜の状況が、誰にも知らされなかったという点でも人災だった。危険情報が的確に伝えられて避難をしていたら、家と田畑は流れても人間は流れなかったはずである。その夜、暴風雨がいくらかおさまりだして、みんなほっとしているときに、思いもかけない激流が襲い、人びとはあっというまに家ごと流され、濁流のなかへ放り出されたのだった。

# 4

三十七年前、ぼくは少女雑誌の編集者をしていて、狩野川台風の直後、被災地の取材に入った。その翌年は伊勢湾台風被災地の取材に行った（本書「伊勢湾台風」の章）のだが、ぼくは熊坂の河原で茫然とするばかりだった。あまりのことに何も考えられなかったことを覚えている。

電車は不通で道路は寸断されているというので、東京からハイヤーを雇って、伊豆半島東海岸の伊東から冷川（ひえがわ）峠越えで修善寺へ向かうことにした。峠道が通れるかどうか不明だったが、行けるだけ行くことにした。

冷川峠の道は落石だらけで、ハイヤーの腹にごつんごつん石が当たったけれども、なんとか峠を越えて入った被災地が、熊坂だった（地名は忘れていたが、今回の取材でやはり熊坂だったと分かった）。

小学校三年生だったか四年生だったか、祖父母、父母、弟妹を失った女の子と、その子の叔父さんと共に、河原に立った。女の子はあの夜叔父さんの家へ泊まりに行っていて助かったのだった。

この子の家はここらだったか、いや、あっちだったか、と叔父さんがつぶやく。村のほとんどが流れ、村の跡は一面の河原に変わっていて、目印になるもの一つない。

何をどう取材したのか、覚えていない。一つの村が消しゴムで消してしまったように消失している光景のすさまじさに息をのみ、女の子の叔父さんのつぶやきに胸を打たれ、女の子が河原にしゃがんで石の間から茶碗のかけらを拾っているのをハッとして見ていた。そのバラバラの記憶だけが強く脳裏に焼きついている。それともう一つ、叔父さんが川の中ほどの大きな岩をさして、あれは湯ヶ島にあった岩が流れてきたのだと語ってくれたことが記憶に残っている。それは、水勢のものすごさを見せていた。

そのときは、しかし、すぐ上流の修善寺橋が眼前の無残な光景の原因になったことは知らなかった。今回の取材でぼくは、三十七年前のあの光景を思いながら、橋というもののことを考えつづけた。

取材から帰って、保田與重郎（やすだよじゅうろう）の「日本の橋」を再読した。近代日本のエッセーのなかでも指折りの名エッセーである。四百字詰原稿用紙にして七十枚ほどの長いエッセーなのだが、保田與重郎がこのなかでいくたびも触れているのは、日本の橋と西洋の橋との違いである。西洋の橋は人工の度合が強く、日本の橋は自然の度合が強いということだ。とびとびに、いくつかの文章を引いてみる。

　まことに羅馬（ローマ）人は、むしろ築造橋の延長としての道をもつてゐた。彼らは荒野の中に道を作つた人々であつたが、日本の旅人は山野の道を歩いた。道を自然の中のものとした。そして道の終りに橋を作つた。はしは道の終りでもあつた。しかしその終りははるかな彼方へつながれる意味であつた。

日本の橋は材料を以て築かれたものでなく、組み立てられたものであつた。

……舟を浮べ筏を編み木を組んで日本の橋はとゝとのへられた。舟で海を渡つてきた民族の作つた自然観と人工を考へるとき、私はこの繊細な渡海民の不思議な文化的强靭さにうたれるのである。

言うまでもなく、現代の日本の橋はもうそんな橋ではなく、西洋文明型の頑丈な人工物になっているのだが、狩野川台風のときの修善寺橋を考えると、ほんとうにそれでいいのかという疑念をおさえることができない。ぼくたち人間のほうは変わったけれども、自然のほうは変わってはいない。とりわけ、日本列島が山岳列島であり、そのために急流が多く、たいていの川が暴れ川であるという根本性格は全く変わっていないのだ。

現代の高度技術を駆使すれば、そういう日本の川に適合した、新しい橋が作れるのではないかと思う。がっちり固定した頑固な橋ではなく、川の自然に逆らわず柔軟に対応できる橋ができるのではないか。狩野川台風のときの修善寺橋がもしもそんな橋になっていて、川の増水量や流木など浮遊物の状況を自動検知して、状況に応じて橋をたたむとか、橋脚を引っ込めるとか、橋全体を上昇させるとか、自動警報器を鳴らすとか、ともあれダム化しないで水を通過させるようになっていて、情報発信もする仕組みを持っていたら、どれだけの人が死なずにすんだことかと思う。そんなことは夢想にすぎないとわらわれるかも知れないが、「日本の自然には日本の橋を」という考えを根本に据えれば、いまからでも、出来ない相談ではないだろう。
狩野川台風の死者のうち、かなりの人びとが、流されて行く途中、落ちなかった橋に激突して生命を失っているようだ。熊坂の或る女性は、

あの千歳橋が母との最後の別れになってしまった。憎い千歳橋……。

と書いておられる。流れる途中で半分になった家に家族みんなでしがみついていたのだが、闇の激流のなかでいきなり鉄橋が目の前に追ってきた。兄が、「アッしまった——橋が！ みんな、できるだけ伏せるんだ」と叫ぶ。夢中で顔を伏せると衝撃で濁流に投げ出され、息もつけないでもがいていると橋のずっと下流でようやく水面に顔が出た。だが、そのときもう母の姿はなかった。橋に叩きつけられたのか、濁流のなかで息が続かなかったのか。どちらにしても千歳橋が母を奪ったのであった。

# 5

湯ヶ島温泉には本谷川と猫越川が天城山系から流れ込み、狩野川となって湯ヶ島町内を下り、修善寺橋のほうへ流れて行く。Y字の上部左が本谷川、上部右が猫越川で、脚部が狩野川になる。本谷川も猫越川も渓谷状であり、狩野川のはじまりのあたりも温泉地域では半渓谷になっている。

川端康成が逗留していた湯本館は、二つの渓谷の合流点からやや下流、西平橋(にしびらばし)の下手(しもて)にある。対岸は切り立った崖が空の大半をふさいでいる。ほとんど垂直の対岸に、みごとな緑があふれていて、狩野川岸の野天風呂に入っていると大自然のふところに抱かれる安らぎがある。川端康成の頃には、風呂は川の流れの中ほどにあったというから、なおさらのことだっただろう。川端その川風呂は、狩野川台風で流れてしまった。上流からの岩石に打ち壊され、跡形なく流れ去ったのだ。その後は岸辺に石を積んで現在の野天風呂になっている。

狩野川台風では天城山系に降った豪雨で千ヶ所を超える大きな山崩れがあった。その土砂と岩石と樹木が、本谷川と猫越川にも流れ込んだ。土石流は岸辺をえぐり、橋を破壊して走った。西平橋は橋台もろとも大破して流れた。コンクリートと鉄で作られていた西平橋をあっというまに流した濁流は、すぐ下流の湯本館の川風呂をさらい、部屋の中にも流れ込んだのだが、その水位は座卓の高さほどのもので、それもすぐに引いたという。西平橋が流れたために水がまっすぐ走り云ってくれたのだ。流水のエネルギーは巨大だったけれども、その力は川筋を流下してくれた。

湯ヶ島町には湯ヶ島温泉より上流の山岳部も下流の平地部もあるので、それぞれの被害はある。死者・行方不明者合わせて九人、田畑の被害も大きく、ことに山間の山葵田（わさびだ）はほぼ全滅している。ほかにもさまざまの被害はあるのだが、それでも熊坂などの地獄に比べたら幸いだったと言わなくてはならない。渓谷地形などにも負うところが大きいのだが、洪水の力があまりにも大きくて橋がつぎつぎ流されたために水が川の自然に従って流下したことも幸いだったと思われる。はるか下流、田方沖積平野の狩野川では、すでに水勢が上流ほどではなくなったあたりの各所で、落ちなかった橋が水を堰き止め、橋の上流部分で堤防が崩れて溢水している。

先ほど書いたように、ぼくの記憶では、湯ヶ島にあったという大岩が修善寺橋下流の熊坂近くまでも流れてきたと聞いた。人の背丈を超える大岩である。激流で十数キロメートルを流されたのだ。信じがたいくらいの水の力だ。

いま熊坂あたりの狩野川にそんな大岩を見かけない。熊坂区長の田島さんにもたずねてみたが、そういう岩があったかどうかは分からなかった。田島さんは怪我で長く入院していたので台風直後の熊坂を見ていないということもあるのだが、家族を失って悲痛の日々を送っていた熊坂の人びとにとって、岩に目をとめるゆとりなどなかったのかも知れない。その後の狩野川補修整備工事のなかで、あの岩は処分されたのでもあろうか。

記憶にたよるだけのあいまいな話だけれども、ぼくは、もしかしたらあの大岩は、湯ヶ島の猫越川にあったのではないかと考えている。というのは、川端康成と同じころ、梶井基次郎が湯ヶ島に一年半ばかり滞在している。宿は川端の斡旋による湯川屋だ。猫越川の渓谷上に建っている旅館である。その湯川屋と湯本館のあいだの道が、梶井基次郎の「闇の絵巻」にも尾崎士郎の「鶺鴒（せきれい）の巣」にも描かれているのだが、湯川屋に滞在している梶井基次郎を訪ねて、文学仲間たちがよく来ていた。尾崎士郎もその一人だが、当時尾崎士郎夫人だった宇野千代もよく来ているし、三好達治や淀野隆三たちは梶井と共に何日も湯川屋に泊まって行く。そのころのことが、湯川屋のご主人安藤公夫氏編の『梶井基次郎と湯ヶ島』という本にまとめられていて、そのなかに、当時湯川屋で働いていた人たちの座談会がある。

三好達治が来ると、梶井基次郎と二人で、よく酒を飲んだそうだ。或る朝早く、川のほうで異様な叫びが聞こえたので、川をのぞいてみると、二人がまっぱだかで大きな石に抱きついて何か大声を上げていたという。この石が、熊坂近くまで流れたのかも知れない。いま、湯川屋の下の川には、大きな石と言えるほどの石は見かけない。

渓谷の脇には、自然湧出している温泉もあった。子供たちが川遊びをして身体が冷えると暖まっていた湯で、梶井基次郎もときどき入っていたのだが、この野天の湯も狩野川台風で流失した。湯の流失といえば、狩野川の支流の一つ、吉奈（よしな）川（がわ）の岸にある吉奈温泉東府（とうふ）屋の川底にあった岩風呂も、狩野川台風で埋没してしまって今はない。

今度の取材の途中、湯ヶ島の本谷川渓谷を見下ろす道で、杖を突いた老女性と出会った。八十六歳だと言っておられた。「リンセンを覚えておいでか」とのことだった。かつて本谷川沿いにあった林泉という料理旅館のことで、狩野川台風で地盤をえぐりとられ、二階が宙吊りになったのだ。それ以来、廃業したという。立ち入ったことは聞かなかったが、さびしげだった。

## 6

その後、狩野川流域に大きな水害はない。天城山系に狩野川台風のときに匹敵する大集中豪雨がないのも事実だが、狩野川放水路が作られたことによって、とくに下流域での大害のおそれがなくなっている。

昭和四十年(一九六五年)に、狩野川放水路が完成した。狩野川下流の伊豆長岡町から直接駿河湾へ通じている約三キロメートルの人工水路である。途中、二つの長いトンネルをくぐって、海に出ている。ふだんはゲートが閉じられていて、放水路に水はないが、狩野川本流が豪雨によって増水すると、ゲートが開かれ、本流の流量の一部(最大毎秒二〇〇〇立方メートル)が放水路へ分流され、洪水が一気に下流蛇行部を襲うのを防ぐ。狩野川台風のときの最大流量の半分が放流できる能力を持っている。

放水路建設から三十年間に、七十回ゲートが開かれ、洪水の氾濫をくいとめてきた。なかでも昭和五十七年(一九八二年)九月十二日の豪雨のときには、毎秒一五〇〇立方メートルを分流して、狩野川下流の水位を低下させ、被害を最小限にとどめている。放水路がなかったとしたら、狩野川下流の全域で警戒水位を超えていたと推計されている。

狩野川の洪水氾濫(「洪水」というのは川にふだんの何十倍もの水が流れる現象を言い、「氾濫」は川から水が溢れ出ることを言う。洪水が発生し、川から水が氾濫し、それが家や田畑など人間の営みを破壊するとき「水害」と言う)は、かつては毎年のように繰り返されてきた。明治時代には四十二回、大正時代には二十回が記録されている。下流部に富士山からの熔岩流によって狭くなっているところもあって、流下能力の低い川になっているからだ。

それをなんとかしたいというのが、明治以来の放水路開削計画だったが、具体化するのは太平洋戦争後のことだった。昭和二十三年(一九四八年)のアイオン台風による大出水が契機となって、その三年後に着工された。

ところが、その工事のなかばで、狩野川台風が伊豆を襲ったのだった。

狩野川台風後に計画が変更された。当初計画通りの放水路では狩野川台風規模の洪水には対応できない。放水路トンネルが二本から三本へ増設されることになづた。そして、工事の日程も早められた。狩野川台風からわずか七年での完成となった。

水害を防ぐためには放水路の適切な運用が必要だが、そのために欠かせないのが狩野川本流・支流の刻々の情報である。現在、狩野川には水位観測所が二十三（そのうち無線で情報送信のできるテレメーターが十二）、雨量観測所が二十四（テレメーターが十四）設置されている。観測データは自動的に建設省沼津工事事務所の洪水予報センターに送られ、状況に応じて放水路ゲートの開閉が指令されている。ふだんは水のない放水路内にもテレメーター水位計が設置されていて、放水時の放水路内状況が把握できるようになっているほか、放水路の要所要所にモニター用テレビカメラが備えてある。光ファイバー使用のモニタリングシステムである。

ぼくは、こういう現代防災技術に拍手を送る。と同時に、せめてこのシステムの何分の一でもいいから、狩野川台風のとき修善寺橋周辺をモニターし、警報を発する、防災情報装置があったら、あんな地獄にならないですんだものをと、くやしい気がする。

暴れ川狩野川は、たぶん鎮められた。ことに下流域での出水はもうないと見ていいのだろう。ただ、上流の湯ヶ島などでは、放水路の有無とかかわりなく、川端康成が記しているような岩がごとんごとん流れる洪水は折り折り走るはずだ。それは天城山系という山の自然が昔と変わらず存在し、その山々にときに大量の雨が降ることもまた自然だからだ。谷々の山崩れをすべて押さえ込むことも不可能である。

そのとき、やはり気にかかるのが、橋である。狩野川台風のときの修善寺橋の二の舞いをしないための方策が必要だろう。現代の技術を生かして、新しい日本型の橋を考えなくてはならないのではないだろうか。

放水路は堤防と違って、自然力に力で対抗するのでなく、自然の力を分散させる技術だ。同じように、山崩れに対しても、橋に対しても、力で押さえ込もうとするのではなく、人工と自然の折り合いをつけてゆく何かいい方法がありそうなものだ。

三八豪雪

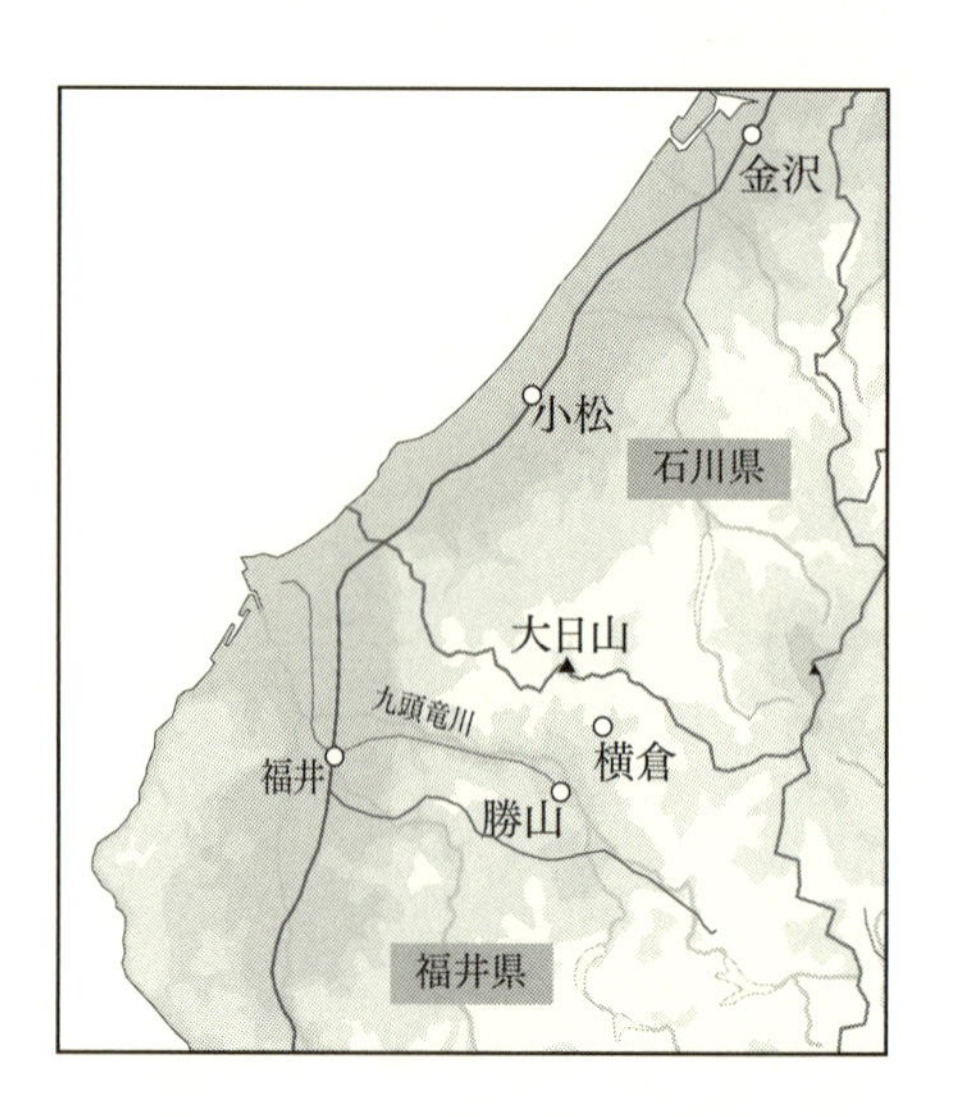
金沢
小松
石川県
大日山
九頭竜川
横倉
福井
勝山
福井県

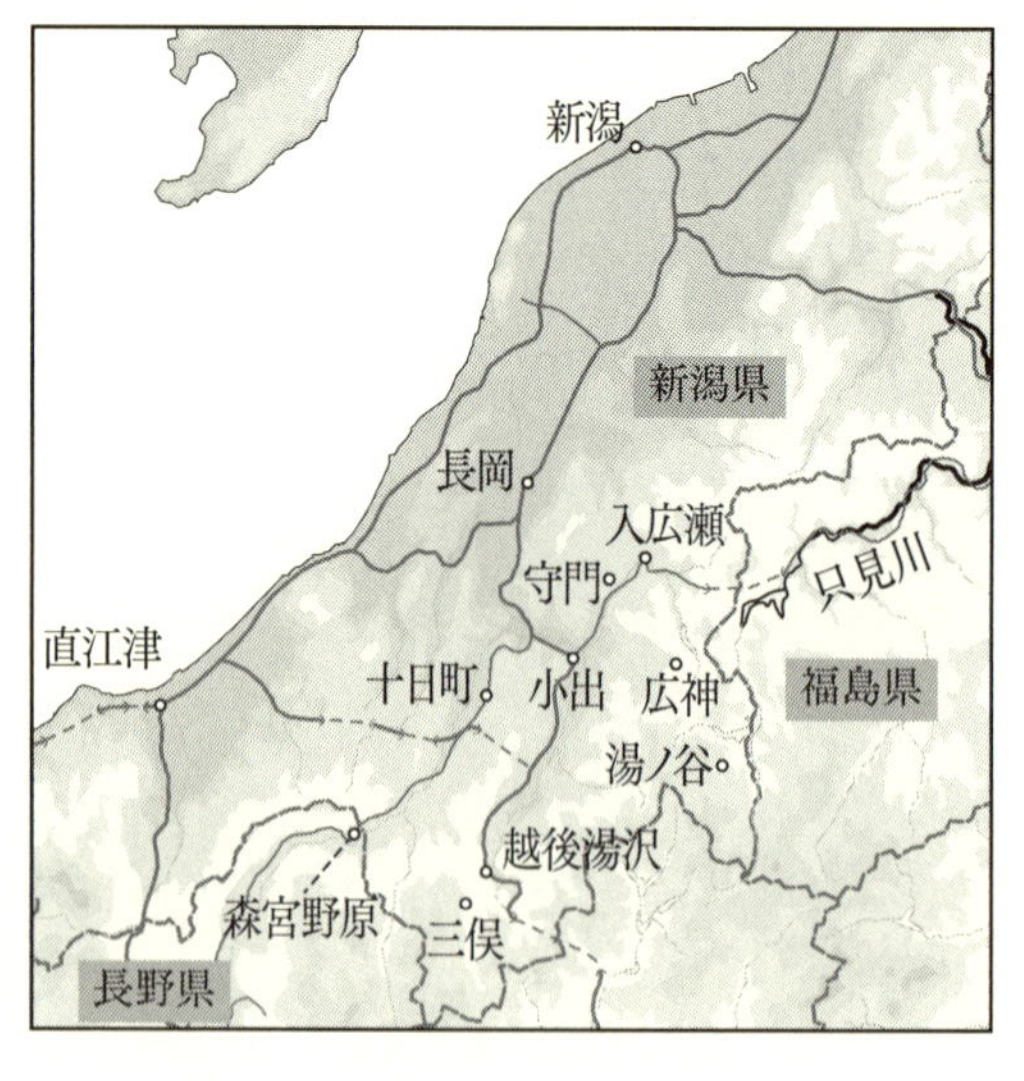
新潟
新潟県
長岡
入広瀬
守門
只見川
直江津
十日町
小出
広神
福島県
湯ノ谷
越後湯沢
森宮野原
三俣
長野県

## 1

福井県勝山市は山国の町である。九頭竜川の河口から四十数キロメートルさかのぼったところにあり、すぐそこに石川県との県境の山々がつらなって見えている。

その山のふもとで、かつて大きな雪崩災害が起こった。市内から十キロメートルばかりの横倉地区で、昭和三十八年（一九六三年）一月二十四日、表層雪崩に襲われた四世帯十六人が生命を奪われたのだった。のちに「三八豪雪」と呼ばれるようになる大雪の冬の、人命損失という点での最大の被災地である。

この年の一月は北陸・上信越地方を中心にして大雪が降りつづき、交通機関が広範囲で運行不能になり、各自治体や国鉄にも、そして政府にも緊急の「雪害対策本部」が設けられたのだが、この雪害の大半は交通麻痺によって生活必需物資の搬入が途絶えたことにあった。「三八豪雪」全体での死者行方不明者の数は八十数人とも二百数十人とも言われていて、はっきりしないけれども、おそらくそれは雪崩や屋根雪による家屋倒壊のほかにどこまでを雪による死と見るかによって大きく数字が違っているのだろう。そのなかで、勝山市横倉の雪崩災害が、一ヶ所の被災として一番多くの死者を出していたのだ。

勝山市の消防署で、当時の記録を見せてもらった。三十数年も昔のことなので資料も少なく当時のことを覚えている人もいないのだが、署長さんが「伊藤さんなら詳しい」と言って、近くに住んでおられる伊藤守さんに連絡をとってくださった。

まもなく来てくださった伊藤さんは、腰に輪かんじきと山刀といういでたちだった。これから横倉へ行きましょうとのことだ。ぼくはいちおうスノーブーツをはいてはいたが、輪かんじきの用意が要るくらいの雪のところへ行くのだと知って、いささか緊張した。

伊藤さんは大正十四年生まれ、当時三十八歳、役場の職員だった。林業担当だったので横倉あたりにもよく出かけていて、横倉の人びととは顔なじみだった。その日の昼、十二時半すぎに雪崩発生の急報が入るとすぐ、現地の地理などに詳しい伊藤さんを先頭にして十数人の第一次救助隊が出発した。

雪が深すぎて輪かんじきが役立たない。連日の降雪で四メートルを超える深雪だった。そのうえ北陸にはめずらしい粉雪だった。輪かんじきを付けても新雪にもぐる。救助隊は仕方なく、太い孟宗竹を二本伐(き)り出してきて、これを雪の上に渡し、輪かんじきで竹を踏んで前進した。渡り終えるとまた二本の竹を持ち上げ、前方の雪上に渡して進む。その繰り返しだ。時間がかかった。途中で日が暮れてきて、横倉の一つ手前の小集落で泊まるほかなかった。

翌朝、夜明けと共に出発して昼すぎようやく横倉に到着した。伊藤さんの知り合いの家々が雪崩に押し流され、雪の下につぶれていた。黒煙が雪の下から立ちのぼっていた。囲炉裏をかこんで昼食をとっていたとき、いきなり雪崩に襲われて、囲炉裏の火で火災が起こっていたのだった。

疲れきって到着した救助隊が休む間もなく掘り出しにかかった。一見して生存者がいるとは思えなかったのだが、雪を掘り起こしてゆくとやがて、猫の子が泣くような声が雪の下から聞こえてきた。

四歳の男の子が一人だけ、雪の下で二十五時間生きつづけていた。落下した梁と床との間にできた僅か三十センチほどの空間で、天井板にも守られて圧死をまぬがれていた。

ぐったりしている男の子を毛布にくるみマッサージをして、南京袋に入れて伊藤さんが背負った。

「観音かつぎで走りました」

意識を失った幼児を、石仏をかつぐかつぎ方で背にして、伊藤さんは町の病院へ走った。来たときに竹を渡したところを辿れば、輪かんじきが利いたのだ。二時間あまりで病院に着いた。男の子は両手両足が凍傷にかかり、体温が極度に低下していたが、それから三ヶ月余の入院で回復した。

## 2

道路除雪の終点になっているところが、かつての雪崩跡だった。ここから先に民家はない。

雪崩でつぶれた家々のあったあたりは深い雪が積もっている。横倉地区の他の家々も多くは他地へ移っていて、残っている家は少ない。その一軒の屋根の上で中年女性が雪下ろしを続けていた。

ときどきふぶいてくる雪のなかで、伊藤さんが山のほうを指して説明してくださった。

「こんなゆるい斜面で、あのアワナダレが起こったなんて、よほどの悪条件が重なったわけです」

福井県では表層雪崩のことを、「アワナダレ」とか、「アワ」と言っている。根雪の上に積もった新雪がなにかの原因で滑り落ちてくる。寒気のきびしい時期に起こりやすい。乾いた雪が雪煙を吹き上げて走る。周辺の雪を巻き込んで巨大なエネルギーで走るのだ。

横倉の背後は急斜面ではなく、大日山(だいにちさん)へ向かってゆるやかに上っている谷だ。かつてはそのゆるやかで広々とした谷に棚田が作られていたそうだ。谷の左右に尾根があり、谷全体はほぼ逆ハの字型になって、上部が広く下部が狭くなっている。その谷の出口近くに、杉林にかこまれた被災民家があったのだ。

雪崩が右のほうの尾根側斜面ではじまったのか左のほうの尾根側斜面ではじまったのかは不明だが、すぐに広い谷に積もった新雪を巻き込んで、幅二百メートルを超える大雪崩になったようだ。雪崩は急速に成長し、はるか下のほうの狭くなっている谷の口に走った。伊藤さんの話では、そのものすごい圧力が、せばまった谷の口からちょうど消防ホースの放水のように雪を噴き出させたのだろうということである。
この谷ではそれまでも、小さなアワナダレはあった。せいぜい幅十メートルくらいの小雪崩で、心配することはなかった。だが、この年の雪崩はちがった。福井県では百年ぶりと言われるほどの大雪だったこととか、気温が低くて軽い雪が厚く積もっていたこととか、ほかにもいくつかの原因が重なり合って、大災害になったようだ。自衛隊ジェット機の衝撃波が雪崩の引き金になったのではないかと地元の人びとの間で語られたが、自衛隊小松レーダー基地の調査では当日は勝山方面を飛んだ飛行機はなかったとのことだった。いずれにせよ、雪崩が起こりやすくなっているところに、何かの力が働いてこの大雪崩になったのだ。
当時の福井新聞によると、前年（一九六二年）南米のペルーで桁ちがいの大雪崩があったという。江戸時代以来の福井県内の雪崩災害を列記したあとに、こう付け加えている。

世界では昨年一月十日夜南米ペルーで六千メートルのアンデス山脈の急斜面をすべり落ちた大ナダレで、六つの町が流され、死者八千人を超えたという大事故があった。

雪山で雪崩が起こるのはめずらしいことではない。自然現象の一つだ。ぼく自身、小さな雪崩は数回目撃している。問題はその自然現象が人間の生活域に及んだときだ。あるいは、たまたまその場に人間が居合わせたときだ。横倉の雪崩は、昔からここに住んできて何の不安もなかったところへ、思いもかけなかった大雪崩が襲ったということだし、アンデスの山の町々にしてもおそらく予想外の大雪崩だったのだろう。雪崩でやられそうなところに人は住まないものである。

古くから三国（みくに）街道の宿場であった三俣（みつまた）村（いまは新潟県南魚沼郡湯沢町三俣）で大正七年（一九一八年）、日本最大の雪崩災害が起こっている。雪崩による死者数で当時世界でも最大の災害だった。村の半数近い二十八戸が押しつぶされ、百五十八人が死亡した。被災者のうち生存者は二十二名にすぎなかった。

三俣は雪の深い土地だ。ぼくは十数年のあいだ冬ごとに三俣へスキーに行っていたので三俣の雪の多さはよく知っている。だが、雪国に住む人びとは、それぞれの土地の雪に合わせた暮らし方を熟知している。もちろん雪崩に襲われる危険のあるところに家を建てたりはしない。中世以来の古い村である三俣だから、人びとが住んでいた場所は安全なところであり、事実それまでに雪崩による災害を受けてはいなかった。何百年となく安心して暮らしてきた土地である。その三俣を大雪崩が襲ったのだった。予想を超える自然のおそろしさだ。

この雪崩も表層雪崩だった。福井県で「アワ」と言うのに対してこの地方では「アイ」と言う。村の東にある前の平（まえのひら）という斜面の上部から末端まで幅二百メートルほどの巨大な「アイ」が滑り落ち、前の平の麓からは平地を走って約二百メートル先の村を襲ったという。一月九日の深夜のことだった。

小学校も雪崩でつぶされた。当時学校内に住んでいた校長一家四人も雪の下になったのだが、最後に救出されている。湯沢町教育委員会刊『三国街道の宿場の村・湯沢町三俣』に、この校長による被害状況報告の一部が引いてある。校長が雪崩被害の原因について次のような見解を述べているところだ。

今回ノ惨事ニツイテハ其原因多々アルベシト雖(いえども)該山一帯ニ防雪林ノナキ事、降雪数日ニ渉リ積雪多ク湿気ナキ事、而(しか)モ暴風アリシ事、校舎裏手ノ密林ヲ伐採セシコトナラン。

気になるのは小学校裏手の森林の伐採だ。誰がいつどのくらい伐ったのかは不明だが、もしもこの森林が伐採されていなかったら雪崩はそこで止まったか、全部止まらないまでも勢いが弱くなった、ということだろう。そうだとしたら、三俣大雪崩には人災の要素があるわけだ。自然はあまりにも複雑だから安易に断言はできないけれども、自然と人間との接点には、平常時には見えないでいて自然の荒ぶるときに現われてくるものがある。

## 3

鈴木牧之(ぼくし)の『北越雪譜』は江戸時代の雪国の暮らしを描いている本だ。越後湯沢（新潟県南魚沼郡塩沢町）に住んでいた牧之が、雪深い魚沼地方での雪と人間とのかかわり方を詳細に記した本で、天保年間に江戸で出版され、当時ちょっとしたベストセラーになった。

このなかで雪の恐ろしさを描いているのは、吹雪の項目と雪崩の項目である。もう一つ、雪が川を堰き止めて生ずる洪水氾濫も書いているが、人命にかかわるのは吹雪と雪崩である。

吹雪で行倒れた夫婦の話がある。近くの村の若い夫婦が、妻の実家の親たちに初孫を見せようと、冬のよく晴れた日、子を抱いて出かけて行ったという。ところが途中、人家のない原野にさしかかったときに天候が急変、猛吹雪のなかで倒れ死んだ。翌日は晴天になった。近村の者数人がこの原を通りかかり、赤子の泣く声を聞きつけて雪を掘ってみると夫婦が死んでいた。「剛気の者雪を掘てみるに、まづ女の髪の毛雪中に顕たり。扨は昨日の雪吹倒れならんとて皆あつまりて雪を掘、死骸を見るに夫婦手を引あひて死居たり。児は母の懐にあり、母の袖児の頭を覆ひたれば児は身に雪をば触ざるゆゑに凍死ず、両親の死骸の中にて又声をあげてなきけり」という悲惨な話である。

雪崩で死んだ人の話もある。これも近村の農家の話で、その家の五十歳ばかりの主人が或る冬の朝用事で出かけて行って帰らなかった。あちらこちら探してみると、近くの山道で雪崩があったようだという人がいた。翌日山の麓の小さな雪崩の下から、首と片腕がちぎれた死骸が出てきたという。

吹雪の中での行倒れも雪崩につぶされての死も、雪国特有の不幸ではある。しかし、それは稀れなことだった。めずらしいことだったから牧之も詳細を書きとめているわけで、いずれも毎年起こる事故ではない。雪崩死の話は、牧之が若いころに聞いた話を老年になっての著作のなかに書き記したものだ。「雪頽」という一項に、牧之はこうも書いている。

……里人はその時をしり、処をしり、萌を知るゆゑに、なだれのために撃死するもの稀なり。しかれども天の気候不意にして一定ならざれば雪頽の下に身を粉に砕もあり。

昭和三十年代のことのようだが、『北越雪譜』と同じ魚沼地方で医師をしていた人が、冬、山奥の村へ往診に行く話を書いている（『写真集・雪国の記録』）。或る日、いちばん奥地の村から若者が往診の迎えに来て、医師は若者と二人で出かけるのだが、途中に雪崩の危険地帯がある。片側は雪山がのしかかるように突き出ており、もう一方の側は深い渓谷の絶壁である。ここで雪崩がきたらひとたまりもない。恐れる医師に若者が言う。「先生、今日は絶対心配ねえ、おらが保証する」

地元の人の勘はするどいものだ。その日の気象や、その他の第六感でわかるらしい。そういえば、こんなに危ない所であるのに、雪崩でやられた人は殆んどないそうだ。

医師はへっぴり腰で、かろうじてこの難所を通った。通りすぎたときには冷汗が流れていた。若者のほうはサッサと渡って、「一服しながら、私を待っていたが、私の顔色を見てニヤリとした」そうだ。

この医師は往診の途中、吹雪で行倒れになりかかったこともある。生命がけの仕事である。ただその危険は、待ったなしの病人のところへかけつけなければならないという医師だからこそのことだ。そうでなければ、天候の安定する日を見て出かければいい。それでも途中で天候が急変したりするが、これはもう運がないとしか言いようがない。

「三八豪雪」の冬は、ふぶく日も多く、雪崩の発生も多かった。北陸・上信越地方全体でどのくらい雪崩があったのかは知りようがないけれども、その大半は死傷者を出すまでには至っていないはずだ。この冬、横倉をはじめとして各地で雪崩災害があったのは、牧之の言う「天の気候不意にして」のことで、雪国の人びとの暮らしの知恵を超えた事故であったようだ。なかには避け得た災害があったかも知れないが、自然はやはり一筋縄ではいかない。

## 4

『北越雪譜』の時代と近現代とで、大雪がもたらす社会生活への影響で、いちばん違っているのが、交通の問題だ。

鉄道と自動車道路が雪にふさがれてしまうと、その影響は大きい。徒歩交通が中心であった時代には、雪道に難儀はするものの、雪国には雪国なりの暮らし方があったのだが、やがて列車や自動車という交通文明が雪という自然と対立する時代が来た。

「三八豪雪」のときには、なかでも鉄道が大雪に苦しめられた。当時はまだ自動車は少なく、交通と運輸の主役は鉄道だった。その鉄道が雪に埋もれてつぎつぎ不通になった。主要物資の輸送が途絶え、雪中に孤立する町村が続出した。

『豪雪との闘い』というビデオテープがある。当時の国鉄が大雪の排除に苦闘する模様を映像でまとめたものだ。ビデオテープの箱にこんな解説がついている。

昭和三十八年一月十一日から北陸・上信越地方に降り始めた雪は、いつまでたっても降りやむことがなかった。雪は二十三日から二十七日にかけて、記録的な大雪となってさらに降り続け、各地で交通・通信を分断するまでになる。この雪が後に「三八豪雪」と呼ばれるようになる大雪で、鉄道界にも甚大な被害を及ぼしたことは、現在でも語り草となっている。この作品には二月中旬にダイヤが平常に戻るまでのあいだのあらゆるでき事が記録されており、キマロキ編成やSL推進のラッセル車など雪と闘う鉄道車両の姿ばかりでなく、新潟県下で四日間を費した急行「越路(こしじ)」の車内風景、全国の国鉄職員を乗せて出発する雪害救援作業列車、現地を訪れ職員を激励する十河(そごう)国鉄総裁の姿、積雪に埋まる入広瀬(いりひろせ)駅舎といった

数々の歴史的映像を通じて、当時の社会状況をもつぶさに知ることができる。（後略）

映像のなかには、ラッセル車やロータリー除雪車が深雪で立往生し、その前面の雪を人びとがシャベルで取り除いている場面も出てくる。

ぼくは、五十年あまり昔のことを思い出していた。小学校六年生男子のぼくたちは、何度か鉄道の掘り出しに行ったものだ。北陸線の駅から近くの温泉町に通じている私鉄電車のレールが大雪で埋もれ、当時は男手が不足していたので少年除雪隊が出動したのだった。昭和二十年（一九四五年）の冬はことに大雪だった。晴れた日の除雪作業もあったが雪の降るなかでの除雪が多かった。強い吹雪のときには、鉄路の土手下で風を背にしてしゃがみ、ゴザボーシ（防雪具）の襟を両手でしっかり合わせていた。風がゆるむのを待って、またレールを掘り出す。だが、北陸の雪はベタ雪だから夜のうちにカチカチに凍っていて、シャベルでは歯の立たないところがある。そういうところはツルハシを使って雪を割った。「三八豪雪」のビデオでも、夜のうちに凍ったベタ雪に苦労した映像がある。

長岡駅で立往生して一〇六時間遅れで上野駅に到着した急行「越路」の、停車中の映像もある。二年前の大雪のときの経験から、列車は駅に止めることにしていたそうだ。駅での停車なら、炊き出しのおにぎりも渡せるし、なにかと安心できる。ただ、夜の車内はローソクの照明しかできない。冷える車内で薄暗い夜をすごすのは、かなりの苦労だろう。

二年前の大雪というのは、昭和三十五年（一九六〇年）の暮れから昭和三十六年（一九六一年）の正月にかけてのものだった。そのときぼくは、帰省のため急行「能登」に乗っていた。東京駅を出た汽車は米原から北陸線に入ってゆく。敦賀のあたりから猛吹雪になった。途中あちこちの駅で汽車は長い停車をした。そして福井駅まで来ると、そこで動かなくなってしまった。機関車の前方のレールは深い雪の下だった。福井と直江津の間が不通になり開通の見通しは不明だった。

結局、福井駅で二晩をすごし、正月二日の夜、雪がやんで明るい月明かりの下、ロータリー除雪車が到着して、ようやく汽車が動いたのだった。そのころはまだみんなのんきな時代で、停まった汽車のなかでおしゃべりをしたり花札賭博に熱中したりして、いつになるか分からない発車までの時間をつぶしていた。折り返しの汽車で帰って行く人もいたし、駅長室へどなりこむ人もいたけれども、たいていの乗客はあわてたりあせったりする風はなく、車内に笑い声が絶えなかった。「三八豪雪」のビデオのなかでも、ロ一ソクをともした車内に笑顔の少年たちが映っていた。

いまだったらあの状態を、「災害」と受け取る人が多いことだろう。あの時代から三十数年のうちに人びとはずいぶんせかせかするようになった。生死にかかわるときは別だが、「災害」はかなりの部分、人の心のありようと結びついている。

## 5

雪はいろいろに降る。ひとくちに雪国といっても、それぞれの土地で積雪量も違えば、雪質も違う。風の強いところも弱いところもある。同じ土地でもその年々で雪の降り方はいろいろだし、また、十二月の雪、一月の雪、二月の雪、三月の雪、そして所によっては春の雪と、雪は種々様々の相貌を見せる。

だから、雪害もまた、いろいろなのだ。気温が低くてパウダースノウと言われる軽い粉雪の降る土地なら、かなり降っても屋根雪の心配はしなくてすむ。たとえば、ぼくの山の家が八ヶ岳山麓の標高一八〇〇メートル近いところにあるのだが、ここでは屋根雪を下ろしたことがない。気温が厳冬期ならマイナス二〇～三〇度と低くて乾いたサラサラの雪が降ることが多いので、積もっていても重くはないし、風が吹けば飛んでゆく。一方、ぼくの育った北陸の雪は零度前後の気温で降る雪だから、湿気の多い重い雪だ。この手の雪が屋根に積もったら、なるべく早く下ろさないと家が壊れる。

交通機関への影響も、それぞれの土地の雪質により、また積雪量により、意外に大きかったり意外に小さかったりする。鉄道の場合はレールのポイント切り替えが凍結すると困るわけだが、これも雪質や気温によってさまざまだし、また自動車道路は路面凍結の危険のほかに、風の影響もある。風が強く、粉雪の積もる土地では、道路を除雪したすぐあとから、田畑の雪が風に吹き上げられて道路をふさぐことがある。ぼくの八ヶ岳の家などもそうだ。家の前の雪を掘って雪道を作っておいても、風の強い日には一時間もするともう雪道が地吹雪で埋められてしまう。

雪害を防ぐための最大の方法が除雪である。融雪もふくめて、とにかく雪を取り除くわけだ。屋根雪を下ろす。下ろした雪を川などに捨てる。道の雪を取り除く。鉄道や自動車道路の雪を取り除く。除き切れないほどの大雪のときには、道幅が雪で狭くなるくらいは我慢して、危険を最小限にする方法で雪を積み上げておく。不便ではある。だが、春になれば雪はおのずと消えてくれる。

このごろの雪国では、雪下ろしをしないでいい家が増えている。堅牢な鉄筋コンクリートなら、雪の重みで倒れることなどないが、それには費用がかかりすぎる。よく見かけるのが自然落下式の家だ。屋根雪をためないで自然に落下させる方式である。それも、それぞれの土地の雪によって、傾斜角度とか材質とかが違うのだろうが、ともあれ屋根に雪をためないから家がつぶれる恐れはない。雪の落ちてくるところを人が歩かないようにさえすればいい。落ちてくる雪を流雪溝に直接入れるようにしている場合もある。自然落下式の屋根を持っている高床住宅も多い。一階部分が車庫や物置になっていて、居住空間は二階以上にしてある。これだとかなりの積雪でも部屋の窓が雪でふさがれることはないだろう。新潟県の十日町の家々は昔から、一階が一階半ぐらいに高く作ってあり、大雪のときには高い位置の二階から出入りしていたという。その現代版が、いまの雪国の高床住宅だ。

最近は使いよい除雪具も考え出されている。「スノウダンプ」と呼ばれる道具だ。車輪のない手押し車のようなものだ。構造はごく単純だが、これが除雪に大いに役立っている。ぼくなどは昔、コシキイタ（コシキ）というブナの一枚板のスコップのようなもので屋根の雪を下ろしたり道の雪をかいたりしたものだが、スノウダンプならその数倍あるいは十数倍の除雪が軽々とできる。スノウダンプも、出はじめたころは大きすぎたり重すぎたりしたそうだが、このごろのはちょうど使いよくできている。大きめのも小さめのもある。体力と用途に合わせて求めればいい。

雪と人間のかかわり方は、このさきでも考えてみるつもりだけれども、大雪を災害にしない方法は昔もあったし、いまもある。

## 6

「三八豪雪」のとき、新聞や週刊誌に大きくとりあげられていたのが新潟県長岡市だった。「豪雪地帯の中心――長岡、〝市の営み〟グッタリ、食糧・燃料ますます欠乏」といった新聞の見出しがあれば、また週刊誌のグラビアページも「陸の孤島・長岡、機能をマヒさせた四メートルの豪雪」とか、「あッおどろいた!! 越後長岡は雪の下」といった、写真と文によるルポルタージュを掲載している。

長岡市役所の雪害対策本部は一月二十七日に設置された。市民たちは家族総出で屋根の雪下ろしをつづけていた。一晩に五十センチ、六十センチと降る日が一週間にもおよんだ。下ろした雪の捨て場のことで喧嘩が起こったりもする。雪捨て場のない地域では近所の人たちが協力し、大型のそりを使って遠くの空地まで雪を捨てに行った。雪害対策本部の要請で市内の県立高校生約二一〇〇人が四日間、市内の歩道除雪にあたった。その後約四〇〇〇人の自衛隊員が到着、市内主要交通路に二車線を確保した。川に捨てられた雪が川の流れを堰き止めて洪水を引き起こさないよう、川舟での雪流し作業も行なわれた。車の入れない道が多く、ごみ処理と屎尿処理が困難をきわめ、やむなく臨時措置として川への投棄も行なわれた。病院での輸血用血液が不足し、ヘリコプターで投下してもらうということもあった。

「三八豪雪」の災害としての全体像は見えにくい。横倉大雪崩などの人命災害とか、北陸線上信越線の不通などは、およそのことが見えるけれども、北陸と上信越という広範囲での多くの市町村の様子は、マスコミもとらえきれていないようだ。長岡はその点、「三八豪雪」のシンボル都市として注目をあびていただけ、除雪も早く進んでいたようだ。マスコミや国や県から忘れられていた小さな町や村がおそらくあちらこちらにあったことと思われる。

新聞社の社機で大雪地域の上空を飛んだ記者の記事のなかに、雪に孤立した或る村の家が火事で燃えているのを見つけるところがある。近くに川があるのだが、氷が張っていて消火に使えず、燃える家をただ茫然と見ているだけの人たちがいたという。これも「三八豪雪」の災害の一つかも知れない。この火事はたまたま記者が上空から目撃したものだが、火事にかぎらず他にどんな災害があったか、想像力を働かせてみるほかないだろう。

当時は雪深い山村で、医師のいないところがいくらもあった。大雪で孤立した村から町の病院まで病人を運ぶのは容易でない。病人をそりに乗せ、何人もの屈強な男たちが深雪を漕いで行かなくてはならない。盲腸（虫垂炎）の病人が町の病院へ連れて来られたときにはもう手遅れだったという話を、昭和三十年代にはよく聞いたものである。「三八豪雪」では、そんなふうなことで、助かる生命が失われた例が多かったかも知れない。

## 7

人の住まない山奥では、雪はいくら降ってもいい。山奥の雪はむしろ歓迎される。豊かな水質源になるからだ。昔から、「大雪は豊年のしるし」と言われているのは、そのためだ。田畑に積もる雪が大地を寒気から防いでくれ、冬の乾燥からも守ってくれるとか、病虫害の発生を抑制するといった効果もあるのだが、なによりも山雪が春以降の灌漑（かんがい）水を約束してくれるのがありがたい。アメリカ政府は毎年、ロッキー山脈の積雪量を調査している。雪が多ければ多いほど中西部農業の豊作が期待できる。雪が少なければ凶作の心配をしなくてはならない。

人間の生活域に降る里雪のほうは、多すぎず少なすぎずがいい。ただし、どの程度の降雪と積雪が多すぎるのか少なすぎるのか、という点になると、その土地ごとに違っているし、時代によっても違う。

今回の取材に出かけたとき、新聞やテレビが日本海側の大雪を報じていた。「大雪　列島大荒れ」「交通網各地で寸断」という大活字が当日朝の新聞の第一面にあった。東海道新幹線で米原まで行き、米原から北陸線で福井に入り、福井から京福電鉄で勝山へ向かうという予定だったが、勝山に行き着けるかどうか危ぶみながらの出立だった。だが、雪による遅延は米原までのことで、米原からの北陸線はほぼ順調に走り、京福電鉄は正常ダイヤだった。雪国の鉄道は雪に強い、というのが実感だ。かつてぼくが福井駅で数十時間をすごしたときの雪や「三八豪雪」の雪に比べたら、今年の雪くらいは物の数ではない。

太平洋戦争の末期、昭和二十年（一九四五年）は雪の多い年だった。飯山線の森宮野原駅（長野県栄村）の駅舎前に、昭和二十年二月十二日の積雪量、七メートル八五センチを示す標柱が立ててある。駅の屋根よりもずっと上のその高さまで、雪が積もっていたというのだ。国鉄・JRの全部の駅での最深積雪記録である。

積雪は多くても、すこしずつ増えていった雪なら、それなりに対応できる。また、戦争末期のあの時代は、鉄道旅行をする人はごく少なく、徒歩中心の生活だった。鉄道が何日か動かなくても困る人はわずかだった。さきほど書いたように、同じ昭和二十年の冬、ぼくは私鉄線の除雪にかりだされていたが、その雪の線路の上を軍需工場へ通う大人たちが歩いていた。町のなかの道は雪で高くなり、軒先まで積もっていた。ぼくの家は平屋だったので玄関先から雪道に上る雪の階段をつけていた。一晩に四、五十センチも降った翌朝は、玄関を開けると雪がなだれ込んできた。その雪をどかし、雪の階段を掘り出して、一日が始まるのだった。

「三八豪雪」の年は、昭和二十年の冬と比べて、人びとの生活が大きく鉄道に依存していた。雪崩災害を別にして言えば、そのことが大雪を「災害」にしていたのだ。そして現代日本では、鉄道以上に自動車道路が生活を支えている。雪で自動車が走れないということが「災害」になる。今回の取材途中で買った新聞でも、大見出しが「高速道各地で閉鎖」であり、小見出しが「新幹線245本にも遅れ」というものだった。

## 8

今度の取材で、新潟県でもとりわけ雪の深い北魚沼郡の山間地をまわった一日、地元のタクシーの世話になったのだが、雪道を走りながらの運転手さんとの話に、ぼくは、「おや?」というより、「やっぱり、そうなんだなあ」と胸のうちでつぶやいたものだった。

災害としての「三八豪雪」を取材しているわけだから、運転手さんにも当時のことをいろいろたずねてみたのだ。被害はなかったかどうか、生活が困らなかったかどうか、いろいろと聞いてみた。

運転手さんは昭和十五年生まれ、いま五十五歳だから、「三八豪雪」のときは二十三歳、また、「五六豪雪」のときは四十一歳だった。ずっとタクシー会社で働いてきたそうだ。

「雪で困ったこと？　ないねえ」

ぼくは念を押して聞いたのだが、彼は、雪の深いこの土地に生まれ、育ち、暮らしてきて、雪で困ったことなんて一つも思い出せないと言う。

昔から冬ごとに大雪の降り積もる土地には、雪とつきあって暮らす知恵があるのだ。数え上げればきりもないいろいろな知恵だが、雪深い土地に生きてきた人びとには、ごく自然に身についている知恵だから、とり立てて言うほどの苦労はない。

長岡のような大きな都市の場合は、やはり雪は昔から降ってきたのだが、ここ三十年ばかりでの自動車社会化をはじめとして、まだ雪とつきあって暮らす知恵が成熟していない諸側面があって、雪を一種の災害と見る傾向があるけれども、長岡や北陸の諸都市よりもはるかに雪の多い山村では逆に雪を苦としていない。父祖の時代からの知恵が生きているのだ。昔からの知恵をもとにした新しい知恵も生まれている。ほんの一例だが、消火栓のつくり方にもそれは見えている。消火栓は路面にはない。見上げるほどの高いやぐらを組んで、その上に上げてある。深い雪でも消火栓は埋没することはない。うずたかく積もった白い雪の上に、赤い消火栓やぐらが遠くからでも一目で分かるように立っているのを見ると、あらためて感心させられる。おそらく、雪で埋もれては困るものを高いところに上げてきた昔からの知恵が、現代の消火栓にも生かされているのだろう。

火事が起こったとき、もしも消火栓が何メートルもの雪の下になっていたら、その場所をさがして掘り出しているうちに、家が焼け落ち、運がわるければ大火にもなってしまう。そうなったら、雪が引き起こす災害ということだが、雪に埋もれることのない消火栓があれば安心して暮らすことができる。赤いやぐらの消火栓は、本体だけでも人の背丈の二倍はあるのだが、さらにその上にもう一人分ほどの長い棒を立ててあり、棒の先には赤い布がしっかり巻きつけてある。万一、やぐらの消火栓を埋めてしまうほどの大雪が降っても、棒先の赤布が位置を教えてくれる。また、赤いやぐらは吹雪のなかでも目につくだろう。

消火栓やぐらのことも運転手さんに教えてもらったのだが、ぼくがしつこく、

「だけど、雪下ろしはやっぱり苦労じゃないですか」

と言うと、こともなげな答が返ってきた。

「雪下ろしは運動不足の解消になって、いいんだよ」

クルマを運転していると、からだがなまってしまう。屋根の雪を下ろし、下ろした雪を片づけ、大汗をかくのが、ちょうどいい運動になると言うのだ。そのあたりの人びとみんながそう思っているわけではないだろうけれども、彼のように雪下ろしと雪片づけを楽しむ人も例外ではないようだ。晴れた日に屋根に乗り、缶ビールを屋根雪の隅に埋めておくのだと言う。一汗かい

てから飲む冷えたビールがなんともうまい。その光景はよその家でもよく見かけるそうだ。

　ぼくも雪下ろしは何十回となくやってきた。北陸の田舎町に住んでいた。ぼくの少青年期は北陸が多雪の時代だった。一冬に数回、屋根に上がったものだ。小学校四、五年生のころから父と一緒に屋根に上がって雪を下ろしていた。大学生のころも勤めてからも、雪下ろしのために折り折り帰省していたものだ。

　晴れた空の下での雪下ろしは、いつも爽快だった。一面に白く光っている町が見渡せ、町のむこうに裾まで白い白山連峰が大きく横たわっていた。汗はかくけれども苦労ではなかった。むしろ喜びだった。つぎつぎ雪を下ろす達成感もあり、父と一緒に汗を流す喜びもあった。少年にとって、父が自分を一人前に見てくれるのは、うれしいことだった。

　雪国の人に、うっかり、雪下ろしの喜びなどを言うと、まず不快感を示されるか、へたをすれば怒鳴られてしまう。東京なんかに住んでいる者に、雪の苦労が分かってたまるか、ということだ。

　だが、雪国中の雪国に住む運転手氏はちがっていた。逆説めくけれども、深雪地の人ほど雪を苦にしないようだ。ぼくは安心して、ぼくの雪下ろし体験を話すことができる。

　雪下ろしの屋根でビールを飲んだ経験はないが、さぞうまいビールだろうと思う。ぼくはかつてオーストリアへスキーに出かけたとき、オーストリア人のスキー教師と二人でアルプスの山スキーをして、汗をかいたあと尾根の雪で冷やしたビールを一緒に飲んだことがある。人影ひとつない広大な雪の山で飲んだあのビールは、これまで最高のビールだった。

もう一つ付記すれば、運転手さんはチェーンとスコップを常備している。この二つがあれば、雪道で立往生することはないという。もちろん雪道の運転技術に長けているからだ。どんな雪の路面の状態にも、どんな降雪状況にも、都市ドライバーにはない技術で対応できるのだ。それも雪国人の新しい知恵だ。

さらにもう一つ、これは確認してはいないが、運転手さんの話では、雪が降らないために災害補助が出たことがあるとのことだった。多雪地では雪を前提とした冬の生計がある。それが無雪だと収入激減となるので、緊急の補助金が出たというのである。

「雪が降れば金がまわるんだよ」というのが運転手氏の解説だった。

## 9

雲深い山村の辛さは、かつて、教育と医療の欠如にあった。雪崩災害はめったに起こるものではないが、冬、雪でとざされた村に「先生がいない」「医者がいない」ということが、冬ごとにやってくる「災害」であった。雪は自然現象だ。しかし、教師と医師の不在は行政の不備による人災だった。

昭和三十年代のはじめごろ、ぼくはそういう山村を取材して、編集していた少女雑誌に記事を書いたことがある。

一つは、「学校と先生がほしい」という記事で、もう一つは「ユキちゃんが死んでしまったお医者さんがいない村――」だ。どちらも今度の取材でまわった新潟県北魚沼郡の山村である。

そのころ「冬季分校」と呼ばれる冬のあいだの分校が、全国に八百三十校あった。多雪地の山村で冬のあいだ本校に通えない生徒たちのために、たいていは民家の一室を教室代わりにして、父親などが代用教員をつとめていた。

そういう学校の小学校五年生の女の子の書いた作文が、あるとき編集部にとどいた。新潟県北魚沼郡広神（ひろかみ）村の手ノ又分校のことが記されていた。


わたしの村は、たった三戸だけの小さい村です。電灯はなくて、ランプでくらしています。上越線の小出（こいで）という町から16キロも、山おくにはいった村です。冬には、雪が5メートルもつもります。

ランプのくらしは、もうなれているから、へいきです。

けれど、冬になると、みんなのように、学校へいけないのが、一ばん悲しいことです。


無雪期は村から三キロほどを歩いて羽川（はがわ）小学校中子沢（ちゅうしざわ）分校に通っている。ここも分校だが何十人もの生徒がいる。しかし冬になると大人でも歩けない危険な道になって、中子沢分校にも通えなくなり、手ノ又分校という冬季分校で勉強することになる。

教室はこの女の子の家の屋根裏部屋だ。ランプはもったいないから昼は使わない。障子から洩れてくる薄明かりでの授業である。先生一人、生徒四人。先生はこの子の父親だ。「先生のかわりのおとうさんが、小学校しか出ていないので、勉強をしていても、わからないことがいっぱいでてきます」と、少女は作文に書いている。そんなとき「先生」が困った顔をすると悲しくなってくるのだが、「先生をしてくれるわたしのおとうさんは、日本一のえらいおとうさんです」という。

各地の冬季分校へは、冬が近づくころ、村の大人たちと子供たちが本校から机と椅子を背負って行くことが多かった。春になればまた机と椅子を背負って本校へ運ぶ。作文の少女の手ノ又分校では、少女の父親が山の木を伐ってきて机と椅子を作ってくれたと書いている。ほんとうに「日本一のおとうさん」だ。

けれどもやはり、「ほんとうの先生」がほしい。少女は作文の終わりに書く。

「わたしの一ばんのねがいは、冬の間、ほんとうの先生が、わたしの村にきてくれることと、小さくてもいいから、学校ができることです。」

少女は雪のとける五月の終わりを待つ。雪がとければ、半年以上会えなかった中子沢分校の友達に再会できるのだ。

少女の作文には、「よその家にとまって学校へいくなどという、ぜいたくなこと」は、自分たちの村ではできないとも書かれている。土地によっては、冬のあいだは町の家に下宿して小学校へ通うということも、その時代にはめずらしくなかった。

教育を受ける権利は言うまでもなく憲法で保障されているものだ。その権利の半ばを奪われているに等しい冬季分校とは、地震や台風や雪崩とは異なるもう一つの「災害」だったのではないだろうか。生存権を奪う自然災害だけが災害ではない。教育権という人権を奪うのも災害であろう。

小出の町から広神村に入ると、目に見えて雪が多くなる。手ノ又の集落はいまはもうなくなっているのだが、広神村のなかでもかつての手ノ又近くになると一段と積雪量が多い。ぼくが歩いたのは、もう四十年近い昔のことだ。深い雪に時もれた山と谷のどのあたりに手ノ又分校があったのか、あの村への道筋もいまはなくなっていた。雪国各地で、同じようなことがあったのだろう。小さな村々はこの数十年で消えてきたのだろう。ああいう「冬季分校」はもうないはずだ。

## 10

もう一つの取材は、どうにも辛い仕事だった。医者にかかれないままに亡くなった少女のことを、家族の人たちにどう聞いたらいいものか、ぼくは峠をふたつ越えて行く山道を歩きながら足が重かった。

行先は、新潟県北魚沼郡守門村字福山新田。当時は炭焼きを生業としていた山村である。この村の小学校五年生のユキちゃんという子が、夏休みに高熱を出して苦しんだ。医者のいる村は遠い。呼びに行ってもことわられることが多いし、きてもらえたとしても高額の謝礼が必要だから、少々のことでは医者を呼びには行かない。だが、少女の容態はただごとではなかった。父親が真夜中の峠道八キロを走って医者を呼びに行った。

少女は結局、医者に診られることなく、母親にみとられて死んでいった。母親がぼくに語った。

「お医者さんにもかかれずに死んだ、ユキがかわいそうでなりません。こんな山おくですから、お医者さんをよびにいっても、なかなかきてもらえませんし、きてもらっても、千円以上のお礼がいるので、やすやすとは、お医者さんにかかれません。それに、冬は、屋根までつもる雪ですから、どうにもなりません」

ぼくが訪ねたのは、雪の来る前、十一月のはじめごろだった。掲示板にビラが貼ってあった。

「十一月十三日一時よりしんさつがあります。区長」

月に一回だけの診察日を知らせるビラだった。それも、五月から十一月までのことで、雪のあいだは行なわれない。冬は病気になるわけにはいかないのだ。

別の山村でも聞いたことがある。冬は盲腸(虫垂炎)になったら死んでしまう、と。いよいよあぶないというときになって、屈強の男六人がかりで、腰までもぐる雪を漕ぎながら、そりに乗せた病人を生命がけで運んだときの話も聞いた。降りしきる雪のなか、方角をたしかめながらようやく峠までたどり着いたとき、病人はいつのまにか死んでいたという話であった。

ぼくはあのとき、記事を書くのが苦しかった。最後にこう書くのが精一杯のことだった。

お医者さんのいない村！　日本じゅうには、そんな村が何百とあるのです。そういう村へいってくれるお医者さんは、いないのでしょうか？　ユキちゃんのように、お医者さんにかかれなくて死ぬお友だちがなくなるように……。

医者のいない村（行政上の「村」ではなく昔から言うムラ）は、いまも多い。医者があまりだしている時代になっていても、辺鄙な土地へ行く医師が少ないからだ。立派な診療所があるけれども常駐の医師がいない村を、各地で見かける。医者のいるところでも、その医者が老齢の外国人（アジア諸国の医師であることが多い）で、言葉があまり通じないというなげきを耳にすることがよくある。

しかし、それでも今は、道路がよくなっているので、いざというときには病人を自動車に乗せて町の病院へ走ることができる。道路除雪も、どんな山村でもじゅうぶんに行なわれているから、冬場でも心配はなくなった。ただ、今でも苦しいのは、小さな島々だ。それも本土から遠い島々だ。医師のいない島が多い。巡回診療のあるところはまだいいが、その場合でも重病で大病院へ運ばなくてはならないとき、海が荒れて船が出せなかったらどうしようもない。

僻地医療に熱心に取り組んでいる医師たちはいる。しかし、その数は少ない。医療を受けるのも大切な人権の一つ、生存権なのではないだろうか。生存権が保障されないというのは、ぼくには「災害」と思える。

運転手さんにたのんで、福山新田(いまは守門村福山)にも行ってもらった。あそこの雪はすごいです、という彼の言葉通り、福山地区の家々は半分雪に埋もれていた。

久しぶりに見る本物の雪国だった。道沿いの壁になった雪も、圧雪した道の雪も、家々のあいだに高く積もった雪も、汚れひとつない純白の雪だ。美しい。

美しい、というのは、ぼくの胸の中でのことで、村の人にそんなことを言ったら、いやな顔をされるだろうと思っていた。

だが、それは思い違いだった。福山の中心部で出会った中年女性は、雪を全く苦にしていなかったし、むしろ雪の暮らしを楽しんでいた。ぼくと立話をしながら、彼女は明るい笑顔と弾んだ声を絶やさなかった。

彼女は昔ながらの藁で編んだ雪ぐつをはいていた。死んだ「じいちゃん」がたくさん作っておいてくれたのだという。ゴムの長靴なんかよりずっとあったかいし、雪にもぐりにくいので、とても具合がいいそうだ。藁の雪ぐつは昔から家族それぞれの足型が木で作ってあって、それに合わせて編んであるから、足にぴったりしている。これも雪国の知恵の一つである。「町へ行くときは、みっともないからはかないけどね」と言いながら、片方の足を脱いで素足ではいているのを見せてくれた。

雪の苦労を、ぼくは念のために彼女にも聞いてみたのだが、答は彼女の笑顔で分かっていた。昔のような、病気になったらどうしようもないという悲劇はもうない。屋根雪も彼女の家では去年から自然落下式にした。落ちてきた雪は小型の除雪機で裏の川へ吹き飛ばしてしまう。屋根雪の落ちる側に玄関があるのだが、冬はこの玄関は使わないで、雪の落ちてこない側面から出入りする。「冬の出入口」という木札が打ちつけてあった。

ぼくは安心して、「この村の雪、ほんとにきれいですねえ」と言った。彼女も「きれいです、ほんとに」と言った。山ふかいあの福山新田が今では冬も笑顔の土地になっていた。

志賀高原の奥のほうの旅館へ、昔よく泊まりに行っていた。その宿へ先年三十年ぶりくらいに出かけて、親しくしていたオバサンに会った。オバサンはすっかりオバアサンになっておられたのだが、おだやかな笑顔でこう言っておられた。

「何十年見ていても、雪にあきることがないですよ。雪は、ほんとうにきれいです。ここに暮らしてきて幸せです」

# 11

小出（こいで）町は新潟県北魚沼郡の南端に近い町で、奥只見（おくただみ）地方の入口にあたっている。長岡から上越線で小出へ向かうと、しだいに雪が深くなってゆく。

役場へ「三八豪雪」のときの被害状況を聞きに行った。古いことなのでほとんど記録がないのだが、とくに困ったことはなかったという話だ。古老たちの記憶では、「三八」よりも昔のほうがもっと雪が多かったから、「三八」の雪くらいで小出の人びとがうろたえることはなかったようだ。

「地震のような突然のものではなくて、雪は昔から冬になればたくさん降っていたのですから、災害というのではありませんねえ」

小出の災害は、夏から秋にかけてしばしば起こっていた水害のほうだという。たしかに、小出町の戦後災害年表を見ると、そのほとんどが豪雨による水害と山崩れだ。雪の災害も、流雪溝がつまっての溢水がほとんどで、床上浸水や床下浸水が起こったというものである。「豪雪」と記された欄でも、昭和三十二年（最大積雪三メートル三九センチ）も昭和三十六年（最大積雪三メートル二七センチ）も、被害状況のところは空欄だ。問題の昭和三十八年（最大積雪量の記録なし）は、「郡内山間部は全部孤立、只見線不通、被害額推計一億八五〇〇万円」という記述があるだけだ。被害金額の内容は分からないが、ともあれ人命の損傷は記されていない。「五六豪雪」の昭和五十六年（最大積雪三メートル六〇センチ）も小出の被害は流雪溝が雪でつまったための溢水（床上浸水一二戸、床下浸水一一六戸）にとどまっている。ただし、山間部の守門村と湯之谷村で雪崩が起こり、合わせて一四人が死亡している。

小出は「流雪溝発祥の地」とされている。町のなかに網の目のように造られている流雪溝に川の水を引き、その流れに雪を投入して、溶かし、かつ流すものだ。昭和九年（一九三四年）に始められ、試行錯誤を繰り返しながら性能を高めてきた。町の広報ブックレットにも流雪溝のことが載せられていて、「豪雪の年でも市街地の交通は、完全に確保されているのです。区画整理で生まれ変わった中心市街地では、これを更に発展させた『大深度流雪溝』が設置され、また『流雪溝塗装』の研究をするなど、克雪対策は、常に時代をリードしています」とうたわれている。

日本雪工学会と小出町が共催した「小出雪シンポジウム」（一九九三年）の報告書にも小出の流雪溝が語られている。「雪処理とインフラ整備」というセッションの、新潟大学の大熊孝教授と大川秀雄助教授による報告からごく一部を引用しよう。

「流雪溝発祥の地」である小出町では、雪処理、とりわけ消流雪溝に関して、これまでに培われた種々のノウハウがある。消流雪溝を造ればそれで済むというものではない。すなわち、設計・施工上の問題のみならず、水の確保と水利権の問題、利用時間の割り振り調整を含む住民参加の除雪体制の確立、夏場の管理体制など運用上の問題も大きい。消流雪溝が平坦な地域も含めて各地に計画・施工されている現在、この経験に裏打ちされたノウハウを踏まえ、消流雪溝の効率的な設計と運用を図る指針とせねばならない。

小出の知恵に学ぼう、ということだ。その知恵は、小出の雪から生まれている。多雪地にはそれぞれの雪（積雪量も雪質も地域によって違っている）に合わせた暮らしの知恵があるのだが、小出は市街地の雪処理を流雪溝によって解決してきた。よその雪国でも、この知恵に学ぶことによって、自分の土地に会った雪処理法が見つかるだろう。

長岡市郊外にある長岡雪氷防災実験研究所（科学技術庁防災科学技術研究所所属）でも、雪氷についての防災面を主とした研究がつづけられている。ここでの科学実験・研究もまた、雪国の新しい知恵となって、古くからの知恵と組み合わされてゆくことだろう。

## 12

山形県の鶴岡市へ大雪の冬に出かけたことがある。ぼくの乗った列車もようやくのことで鶴岡に着いたのだが、新聞やテレビでは鶴岡への生活物資の輸送が困難になり、生鮮食料品が底をついて市民生活がおびやかされていると報じていた。ところが、その夜飲みに入った小料理屋で、ぼくはふんだんに新鮮そのものの野菜にありついていた。アサツキのぬたがあんまりおいしくて、遠慮がちにお代わりを頼んだら、店のおかみさんが裏口から出て雪の下からみずみずしいアサツキを掘り出してきた。野菜はスーパーでは品切れだけれど、裏の雪の下にいくらでもあります、という話だった。

雪は野菜の貯蔵にいい。雪国では昔から雪による生鮮食料品の貯蔵をしてきた。ぼくの少年時代も、母は庭に掘った穴にむしろを敷いて大根などの野菜を入れ、その上にまたむしろを置いて、降り積もる雪の下に貯蔵していた。雪中貯蔵の野菜はいつまでもみずみずしい。

小出の「三八豪雪」「五六豪雪」でも、同じことだったようだ。流雪溝によって町内の雪は処理できても上越線や国道が不通になったら食べものに困るのではないですか、と聞いてみたら、いや、あのころは冬のあいだの食料はどの家でもじゅうぶん貯えてありましたから、という返事だった。昔からの雪国の暮らし方が生きていた時代であった。

鈴木牧之の『北越雪譜』には、さきに引用したように雪崩や吹雪のおそろしさが記されているのだが、その一方で、「雪の重宝なる事」も列記されていて、その一つに、雪による生鮮食料品の貯蔵が挙げられている。

その古い知恵を現代に生かしている一例に出会った。大型の雪蔵を使った日本酒の貯蔵である。新潟県北魚沼郡守門村にある造り酒屋が八年前から始めているもので、大吟醸酒を雪によって温度管理している。酒蔵の前庭に大きなコンクリート製雪穴を作ってあり、そこに降り積もる雪の上にさらに屋根雪も積み上げ、この雪山に断熱シートをかけて夏も保存し、その雪の温度で貯蔵室の酒をいい味に保つのだ。越後は雪と米と冬の寒気とで昔からの酒どころだが、この玉川酒造も三百二十年という歴史を持っている造り酒屋である。雪蔵貯蔵の歴史はまだ十年に満たないけれども、これもまた雪国の暮らしの知恵に根ざしている新しい知恵と言えるだろう。

長岡雪氷防災実験研究所では、南極・北極や世界各地の氷河から採り出した雪氷コアを貯蔵している低温室に入れてもらい、マイナス五〇度という温度をぼくは初めて体験したのだが、また、研究所のいろいろなテーマの一つである「雪玉の空気力管路輸送技術の研究」の実験施設も見せてもらって、ここにも雪の新しい利用法が生まれはじめているのを楽しく、たのもしく思ったことだった。

屋外の実験設備を見せてもらった。雪が機械で加圧され、堅いボールになって、送風機で半透明のプラスチック輸送管へ送られてゆく。バスケットのボールより一まわり小ぶりの雪ボールが、輸送管内をつぎつぎに走ってゆくのだ。見ていて楽しい研究だが、実はこれも野菜などの雪中貯蔵のための技術開発である。研究所案内のパンフレットに、「自然積雪を球状に圧縮成形した雪玉を空気力により管路輸送し、野菜や果物等の雪中貯蔵施設の冷熱源として利用する技術の実用化を目指している」と書かれている。

古来、「大雪は豊年のしるし」と言われてきた通り、雪は災害である一面をときには持つ一方で、それ以上に、自然の大きな恵みだった。なかでも水質源としてのありがたさが大きい。『北越雪譜』にも、「雪水江河の源を養ふ」という一項を「雪の重宝なる事」に教えているが、雪博士中谷宇吉郎も、アメリカ中西部の農業がいかに大きくロッキー山脈の雪に依存しているかをエッセーに書いている。ロッキー山脈に降る雪は、アメリカ人にとって、ドル紙幣が降ってくるようなものだという。

日本でも、雪国の山の雪は、自然の雪ダムである。雪の多い山から流れてくる川は、流水量が大きく、また、変動の少ない安定した水資源なのだ。信濃川や阿賀野川など多雪地の川の流量は、利根川や多摩川など少雪地の川の流量のおよそ二倍くらいはある。雪山の谷に人工雪崩などで周辺の雪を集めて人工の「雪ダム」を作り出す計画も、すでに調査が始まっていると聞く。

雪を災害にしないで恵みにする知恵は、雪国には昔からあったし、また、これからも新しく生まれてゆくことだろう。鈴木牧之は、「雪の重宝なる事」をいろいろ列挙したあとに、

……是をおもへば天地の万物捨べきものはあるべからず。たゞ捨べきは人悪のみ。

雪の災害には避けがたいものもないではない。しかし、それが災害と呼ばれるとき、多くは人悪による人災である。政治や行政の不備による災害もあれば、経済システムの不備がもたらす災害もある。雪に弱い技術もある。そしてまた、知恵がないための事故や災害も人間のもた

らすものだろう。東京に雪の降るとき、滑る坂道を革靴やハイヒールで歩いて転倒する人が多いのは、ほとんど雪についての無知から来ているだろう。その事故を雪のせいにすることはできないはずだ。

## 13

この取材に出かけた日、朝刊の一面トップに大雪のニュースを掲げた新聞が多かった。東京の家を出がけに持って出た毎日新聞は、「大雪　列島大荒れ」という大見出しだった。米原で北陸線に乗り換えるとき買った中日新聞も、「大雪　中部の交通網混乱」という大見出しだった。

意外だったのは、どちらも「大雪」を使っていて「豪雪」を使っていないことだ。はじまりがいつだったのか、はっきりは分からないが、たぶん「三八豪雪」の前後あたりから、「豪雪」という言葉がよく使われるようになった。いまでは国語辞書の見出し項目にもなっている。

雪の関連語として「豪雪」という用語が出てきたのは、大雪を災害として見る見方がひろがってきてからのようだ。「豪雪」という言葉には、雪への敵意、とまで言わなくても少なくとも嫌悪感が伴っている。雪などなければいいのに、というひびきがある。雪と闘うという語感がある。自然力の非情に対して人間が悲鳴をあげているようなところもある。

人間のほうの暮らし方が、それまでとは変わりだしたからなのだろう。日本中で均質な都市化が進行しはじめ、地域の自立性が薄れだしたこともある。とりわけ生活経済の広域化が人と物の移動をはげしくしはじめ、雪はその障害になりだした。自動車を多用する世の中になってきたことが、人びとの雪とのつきあいかたを昔とは違うものにした。

「大雪」は昔からの言葉だ。ぼくは「大雪」を使って雪国に育った。「豪雪」という言葉は見たとも聞いたこともなかった。実際、戦前の国語辞書を数種類繰ってみても、「豪雪」という言葉はないし、それならと諸橋大漢和を引いてみると「雪」を大項目としてその枝項目が三一八項目もあるのだが、ここにも「大雪」はあっても「豪雪」はない。

最近になって新聞は、そんなことも考慮に入れて、「豪雪」でなく「大雪」を使っているのだろうか。それとも、「豪雪対策本部」が設置されると「豪雪」を使うのだろうか。そのへんはぼくには分からないのだが、さきの中日新聞には、社会面に、「〝白い悪魔〟各地で猛威」という見出しがある。「白魔」というのもマスコミ好みの用語でよく使われる。「豪雪」以上に雪を敵視する言葉だ。やはり雪を嫌う風潮は根づよい。

一方、「親雪」「和雪」「遊雪」といった言葉が、数年前から雪国で言われだした。その前に「克雪」があり「利雪」があるのだが、すこしずつ、雪に親しみ、雪と和合し、雪と遊ぶという、雪国にもとからある文化が、ふたたび芽を出しかけているようにも思える。雪国の知恵はやはり生きている。雪を災害としないで、よろこびとする知恵である。

# 伊豆大島噴火

伊豆半島
伊豆大島
新島
神津島
三宅島
御蔵島

伊豆大島
岡田
元町
御神火茶屋
三原山
筆島
波浮
差木地

# 1

伊豆大島は他の伊豆諸島と共に富士火山帯に属する火山島である。

三重式活火山が島を形成しているのだが、その山頂部のカルデラ内にある中央火口丘を三原山と呼んでいる。

大島火山の活動はおよそ五万年前に始まり、噴火をくりかえしながら成長してきた。水蒸気爆発でカルデラができたのは、わずか一五〇〇年ほど前のことと考えられている。その後も大噴火、小噴火をつづけて、島を成長させ、山容をすこしずつ変えてきた。

三原山が火を噴き煙を上げるのは珍しいことではない。火山活動が大きくなったり小さくなったりしながら、三原山は火の山でありつづけ、その火と煙とを人びとは「御神火(ごじんか)」と呼んで崇敬してきた。

噴火の熔岩が火口から流れ出ないかぎり、それは島に住む人びとの暮らしをおびやかすものではなく、むしろ人びとの心のよりどころにもなってきた。聖なる山の聖なる火に浄められて生きる暮らしがあった。

大噴火で火口から熔岩が溢れ、山腹を流れ下ることが、ときにある。天文二十一年(一五五二年)、貞享(じょうきょう)元年(一六八四年)～元禄三年(一六九〇年)、安永六年～七年(一七七七～七八年)、昭和二十五年～二十六年（一九五〇年～五一年）、そして昭和六十一年（一九八六年）の大噴火で、熔岩流が火口壁を越えて広大なカルデラへ流れ出た。昭和六十一年の噴火では、カルデラ内の山腹割れ目噴火を引き起こし、列状噴火口からの大量の熔岩がカルデラ内へ流下した。さらに、割れ目噴火はカルデラ壁（外輪山）を越えたところにも起こり、その火口の一つから流れる熔岩が大島最大の集落である元町地区へ向かった。

この緊急事態によって、伊豆大島全島民一万余人の島外避難が行なわれることになったのだったが、しかし噴火が始まってからの数日間は、大島への観光客がいつもより多く押し寄せて、外輪山上の御神火茶屋は噴火を見物する人びとで賑わった。

火山の噴火は、正直言って美しい。ぼく自身は八六年十一月の三原山噴火を見に出かけなかったけれども、連日テレビで映し出される噴火、それも夜空に火をふく大自然の壮大な美しさに魅了されたものだった。

大島には八六年噴火のあとで、「伊豆大島火山博物館」がつくられた。そこには八六年噴火の映画やビデオがあり、世界各地の火山噴火の映像もある。もちろん、火山のメカニズムの説明も、防災展示もあるのだが、不謹慎かとは思うけれども、火山噴火の映像は実に美しい。つい、その美しさにみとれてしまう。

浅間山の天明三年大噴火のときにも、浅間山を割合近くから見ることのできる草津温泉に、見物客がつめかけたという。夜空を染める噴火は両国の花火以上だと伝えられて、江戸や諸国からの客が押し寄せ、夜になると客たちは高台に登って浅間山の噴き上げる火と煙とを眺めたそうだ。

九州の雲仙普賢岳が寛政四年（一七九二年）に大噴火を起こしたときにも、人びとは普賢岳のよく見える丘に登って、噴火見物をしたと伝えられている。昼は敷物と弁当を持って行く見物客で賑わい、茶店も出たという。夜は松明（たいまつ）や提灯を手にして登る人たちで賑わった。噴火が激しさを増してくると島原藩が見物客を制限するようになったが、ともあれ火山の噴火というものは、生活域にまで熔岩流が流れてきたり火山弾が飛んできたりしないうちは、めったにお目にかかれない見ものなのだ。多少の危険を感じても人びとはその壮麗な大自然のドラマに魅きつけられてゆく。

## 2

三原山の御神火は、大島に住む人びとにとってはもちろん信仰の対象であり、大自然への畏敬の念を養うものであったのだが、それはまた、他所の人びとにこの島を訪れさせるものでもあった。伊豆大島観光の中心になっているのは、昔も今も火山見物である。現在は立入り禁止区域が広く設けられているが、それでも外輪山から火口のあたりを遠望し、カルデラ内の砂漠（火山噴出物原）を通って熔岩流先端部を見るのが、観光の中心部である。八六年噴火の割れ目火口列見物もふくめて、大島観光に火山を欠かすことはできない。
三原山の火山活動は活発な時期も静かな時期もある。三原山火口への投身自殺が流行した昭和八年（一九三三年）は、火山の活動期だったようで、読売新聞が企画した三原山火口底探険（岩田得三著『三原山火口探険記』昭和八年八月刊）によると、特製ゴンドラで火口底に降りた岩田記者の目に、その光景はこんなふうに映っている。

……バリンバリンと幾十の機関銃を一斉に放つような轟音につれて、真ッ赤な火花、あっ、紫、黄、青……五彩の花火にも似た火線が、東北東方へ向け横斜めに、三十尺乃至（ないし）五十尺の長さに飛ぶのが見えた。

張り扇調の勇ましい文章には鼻白むけれども、おそらくこの年の火口底はとても生身では降りてゆけないところだったのだろう。昭和八年だけで約百三十人とみられる投身自殺者は、火口から噴き上げてくる煙の中へ身を投じ、そういう火口底へ落ちて行った。なかには途中の岩に引っかかって救助された者もいるが、火山活動の静まっている年だったら火口壁まで行くには行っても投身を思いとどまった者がたくさんいたのではないかと思う。火と煙のつくりだす神秘感があればこその投身ではないかと思う。
名著『雪に生きる』の著者、猪谷六合雄（いがやくにお）が、昭和四年（一九二九年）の三原山火口を描いている。

この人は明治の末頃、一度ひとりで火口底まで降りているのだが、そのときは火口底内の小火口丘から猛烈な噴気が出ていたとはいえ、噴煙をくぐって走ることができたという。ところが、昭和四年の新妻を連れての三原山行では、とても降りられる状態ではなかったそうだ。

それでもまだ中が一目見たいのだが、危なくって思うほど縁まで出られなかった。そこでリュックから縄を出して腰のバンドを縛り、後ろで引っ張って貰っていて、這い出して行って火口の中を覗いてみた。その日は煙が渦巻いていて底までは見えなかったが、厳めしい垂直な断崖の遥か下の方が煙の中へ消えてしまっているのは、かえって凄味があると思った。妻は一目覗きかけてみたが、足の裏がムズムズして駄目だと言ってよしてしまった。（猪谷六合雄『雪に生きる』）

紀行作家として有名だった大町桂月（けいげつ）も、火口底に降りている。その著『伊豆大島』によると、大正二年（一九一三年）の冬のことだ。猪谷六合雄が若いとき独りで岩の割れ目を伝って降りたときから一、二年あとのことになるようだ。火口底に降りて、中央の小火口丘に登り、芋石（いもいし）（火山弾）を捨ってきている。このころも火山活動はほぼ沈静化していたようだ。昭和に入ってからふたたび活動期に入り、その火口への投身自殺が相ついだ、ということになる。

# 3

三原山は四十あまりの寄生火山を伴っている。というより、伊豆大島は、三原山という中央火口丘内に主火口を持つ「大島火山」という火山島なのだ。

火口は海辺にもある。島の南端にある波浮(はぶ)は、いまは天然の良港だが、もともとは火山爆発の火口だったところだ。

九世紀の水蒸気爆発で、ここに火口が生じた。その火口に水が溜って丸い湖になっていたのだが、元禄十六年(一七〇三年)の大地震と大津波で陸地の一部が崩れ落ち、火口湖と海とがつながって、満潮時には小舟の出入りもできるようになった。寛政十二年(一八〇〇年)、入口の掘削工事が行なわれ、漁港として、また廻船の風待ち港として栄えてきた。

波浮港から島の東岸をすこし北上したところにある筆島も、かつての火山のなごりだ。断崖の下の海のなかに、筆の穂先のように立っている大岩塊が筆島だが、これは筆島火山の火道のマグマが冷え固まったもので、その山体は海に浸蝕されてなくなり、火道マグマだけが残存している光景なのだ。

波浮港から島の南岸を西へ向かい、差木地(さしきじ)を過ぎ、椿並木の続く道の途中から海辺へ降りてみると、赤岩と呼ばれる荒々しい海岸風景に出会う。いつのことかは分からないが、三原山山腹の火口から海へ流れ出た熔岩のつくりだしている風景である。ぼくはかつてこの海岸に立ったとき、海へ流れ込む熔岩流が目に見えるような気がして、からだの底がふるえたものだ。そのときのことを、こんなふうに書いたことがある。

終点でバスを降り、朝の海の光るオタイネ浦や波浮港を散策してから、差木地で春日神社のイヌマキの古木群を見たりして、バス通りを元町方向へ戻ってくると、海辺へ出る小道があった。

熔岩の海岸だった。ざらざらした岩に赤腹の海鳥が一羽止まって啼いているだけの、荒々しい風景だ。赤黒い岬が海に突き出て、岬の先端が白波に洗われている。ごつごつした岬には木も草も生えていない。いつのことか知らないが、かつてこの近くでも噴火があって、流れ出た熔岩流が海にまで達したのだろう。

熔岩流が海に流れ込み、激しい水蒸気を上げて海を沸き立たせ、しだいに冷え固まってゆく有様が見えてくるような風景だった。(『ほどよい距離の別天地――環東京十二景』)

今度の取材旅行でも改めてこの海岸に立ち寄り、つくづくこの島が火山島であることを実感したのだが、今度はそれ以上に心魂にひびく風景に出会った。

一九八六年噴火の熔岩流原に立ったときのことだ。

カルデラ内の遊歩道を歩いてゆくと、砂地のつづく先に安永噴火の熔岩流や昭和二十五・二十六年噴火の熔岩流が、いまはかなりの草木を茂らせている風景を目にするのだが、道の行きどまりに一九八六年噴火の熔岩流先端が剝き出しのごつごつざらざらした岩肌を見せていた。

立入り禁止になっているけれども、霧が流れて視界が閉ざされているのをさいわいに、熔岩流先端を登って熔岩流原の上に出てみた。

平凡きわまる言葉だが、そのときぼくは、

——地獄！

という一語を思うだけだった。

一本の草も一本の木もない。岩だらけの世界だった。美しい岩など一つもない。醜怪な岩の海が、どこまでも広がっている。霧がうごくにつれて、岩々の荒々しさと醜怪さとが追ってくる。

帰り道、四十数年前の熔岩流原にところどころ草木が見え、二百数十年前の熔岩流原を緑が覆っているのを見て、ようやく人心地がついた。生命の姿を見るのはうれしいことだ。無生物の世界は、そこになんの危険がなくてもおそろしい。おなかの底から冷えてゆく、としか言いようがない。ぼくなどは、月探検も火星探険もできそうにない。無生物の天地におびえ、極限の淋しさに心を萎（な）えさせるにちがいない。

## 4

一九八六年(昭和六一年)の噴火は、十一月十五日に始まった。午後五時半近く、三原山の山頂火口から熔岩噴泉が間欠的に噴き上がり、暮れてゆく空に赤々と映えた。それから数日、テレビカメラの映す御神火は、緊迫感を伴いながらもぼくたちに大自然の壮大な美を見せてくれたものだった。

噴出をつづける熔岩は急速に火口を満たしてゆき、四日後には火口壁を越えて三原山の斜面を流れ下った。昭和二十五・二十六年噴火以来の熔岩流だった。熔岩流は何本もの筋になってカルデラへ流れ込んだ。

熔岩流出から二日後の十一月二十一日夕刻、カルデラ内で新しい噴火が始まった。割れ目噴火である。火口の北側カルデラ内に生じた列状の火口から、「火のカーテン」を噴き上げたのだ。最高一五〇〇メートルもの高さで熔岩の火が空に上がった。強い地震が相ついだ。割れ目火口はカルデラ壁を越えたところにも発生し、その一つから流れる熔岩流が沢沿いに元町へ向かった。さいわい火葬場のところで流下を止めることに成功したが、三年前の一九八三年秋に同じ伊豆諸島の三宅島(みやけじま)で起こった割れ目噴火を思わせる危機だった。三宅島噴火では熔岩流が西海岸の阿古(あこ)地区を襲い、その大半の三四〇戸を埋めてしまった。緊急避難が行なわれたため死傷者は出さなかったのだが、大島噴火もそのおそれがあった。

大島町役場から各地区への避難命令がつぎつぎ発令された。そしてとうとうその夜おそくには、全島民一万人あまりの島外避難という、前例のない大規模避難が決定された。

東海汽船の客船や、海上保安庁と海上自衛隊の巡視船などが、島民を東京や伊豆半島へ運んだ。運よく天候が安定していて、海はおだやかに凪いでいた。避難船の接岸が順調に行なわれ、全島民の島外避難が無事完了した。

情報の混乱で港へ向かう避難バスが右往左往するということもあったようだが、一万人もの島外脱出が死傷者を出すことなく行なわれたのだった。

火山活動はその後も激しくつづいた。海岸道路に亀裂が走り、筆島周辺の海水が茶褐色に変色していた。火山噴火予知連絡会は、大島全島に危険が及ぶ可能性を指摘した。

しかし、日が経つにつれて、噴火活動も地震活動も静まって行った。島民のなかには乳牛をそのままにしてきた畜産農家の人たちもいれば、花栽培農家の人たちもいる。牛も花も放っておくことはできない。かわいがっていた犬や猫を置いてきた人たちもいる。長年使ってきたクサヤのたれも、どうなってしまうことか。島民の帰島願望は日増しにつのって行った。大島町議会は東京都知事に、一時帰島を望む要望書を提出した。

帰島を認めるか、どうか。その判断はむつかしい。予知連の学者たちは新たな火山活動の可能性を否定できなかった。結局、一時帰島の決定は政治と行政の判断にゆだねられた。十二月に入って一世帯一人ずつの日帰り帰島が決められ、さらに、避難から約一ヶ月後、全島民の帰島が行なわれた。帰島直前に三原山山頂火口で小噴火があったが、それはいつに変わらぬ「御神火」であって、おそれるものではなかった。御神火と共に生きてきたのが、伊豆大島の歴史である。

## 5

当時の東京都大島町長は、植村秀正さんだった。地元、伊豆大島に生まれ、東京都大島支庁長を経て大島町長に選ばれた人だ。大正十一年（一九二二年）生まれだから、噴火当時は六十四歳。二期八年間町長をつとめたあと三回目の町長選挙に敗れ、いまは奥さんと二人、大島の自宅で、ひろびろした庭の草木を育てながら悠々自適の暮らしを楽しんでおられる。

植村さんが当時を回想した談話がある。全島民帰島のときのことが、つぎのように語られている。

せいぜい二、三日で帰れるぐらいの気持ちでいましたが、まさかひと月になるとは思いませんでした。

避難して一〇日過ぎたら、「町長さん、いつ帰れるの」それだけです。大島の農業といっても花き園芸でしょう。花き園芸というのは一年のうちの七割近くはほとんど十二月に集中するんです。それがみんなおじゃんになった。あれは何億でしょうね。それから旅館、観光はみんな暮れから正月にかけてでしょう。それで十二月十八日に、明日帰ることが決まったというわけで、いわゆる送別会を地区の人がやってくれたりしました。そのときに、また噴火してしまったんです。そうしたら下鶴さん（火山噴火予知連絡会会長）からも「ちょっと難しいよ」なんて電話がありましたし、「帰りは延期したほうがいい」そういう雰囲気でした。ぼくは副知事の横田さんに相談する前にもう一回下鶴さんに聞いたのは、どこが噴火したんだということだったんです。そうしたら旧火口だ。旧火口か、これは大丈夫だというわけで、最後に知事に、「中央火口だから絶対大丈夫だから」帰島を延期しないでくれということで話をした。知事は「予定は延ばしません、町長いいですね」と防災会議で念を押された。「結構です」といいまして、その時はやはり責任を感じました。

こういう経過で延期されなかった。（談）

植村さんにお会いしたとき、この話もふくめて、当時の苦労をいろいろ聞かせてもらった。島外避難にあたって、人びとの不安を静めるために、避難のための船舶をいったん各集落前の海に配備したこととか、ただし陸上と船との直接交信ができなかったことがくやまれるといったことも聞いた。災害にあたっての行政組織が不充分だったという反省もある。山方と海方とで、人びとの危機感の違いもあったということだが、ぼくがなるほどと納得したのは、こういう危機に直面したとき小さい集落ほどしっかりしていたという話だった。共同体がしっかりしているかいないかは、噴火にかぎらず地震のときにも台風のときにも、人びとの行動に大きく影響するものだ。かつて関東大震災のときにも、燃えさかる火と相つぐ余震のなかで、みんなでバケツリレーを続けて、焼野原のなかに町一つ無傷で残ったという例がある。町内会の日頃のつきあいが深く、かつ、沈着な指導者がいたからであった。

八六年噴火のあと、伊豆大島には噴火予知のための観測機器が島内各所に設置され、防災安全対策が進められた。主なものは、つぎの六点だ。

⑴避難組織二七八班を集落別に編成し、役場・消防団の補助組織とする
⑵防災行政無線の個別受信機を各家庭に配備する
⑶避難所として各小学校の体育館を改築する
⑷輸送手段となるバスの全車両に無線装置を設置する
⑸港から遠い地域に緊急避難バスを配備する
⑹避難道路を整備する

取材のために乗ったタクシーの運転手さんは、

「実は私は消防団の無線係です」

と言って、一年に五、六回は訓練に出ているという話をしてくれた。訓練日は有給休暇で、会社の上司も分団長として訓練に参加しているとのことだ。運転手氏は、火山噴火に関する専門用語もまじえて話をしてくれた。もちろん専門家ではないが、一般の人よりはるかに詳しい火山知識を持っていて、八六年噴火のときの熔岩流先端部の冷却作業のこととか、割れ目噴火の性質などについてぼくに教えてくれた。

だが、人間にできることは、そのあたりまでだ。自然は、しばしば予想を超えた姿を見せるものだ。

植村元町長が、「安心――ご神火への祈り――」という文章の末尾に、つぎのように書いている。

昔から大島では、三原山の噴火を神の火「ご神火」として崇め、島の安全を祈ってきた。いくら科学が発達し、観測機器が万全でも、やはり再噴火への不安はある。噴火しても中央火口からの穏やかなものであればよいが、それは誰にもわからないことであろう。

科学の恩恵に浴することは、そのこととしてありがたい一方、私はひたすら昔の人同様、朝に夕に三原山に向かって、〝どうか今日も穏やかでありますように〟と手を合わせて祈った。こうすることが自分の心の中で、なんとなく安らぎを覚え、安心感となっていた。そして、この祈りは今も続いている。

## 6

あとになってみれば、全島民の島外脱出がはたして必要であったかどうか、という批判が出てくるのは当然のことだが、全島民の島外への避難を可能にしたのには、よくも悪くも大島が伊豆諸島のなかでも本土に近いという地理的条件がある。もしもこれが八丈島のように本土から遠い島であったら、全島民の島外避難が行なわれたかどうか疑問だろう。実行されたとしても、それは大島の場合と比べてはるかに難事業になるはずだ。

また、大島が大型船の着岸可能な港を二港持っていることも、島外避難の決定を出す背景となっているだろう。さきに書いたように、その日の海が凪いでいたことが大きく幸いしているのだが、風向きなどの気象条件によっては島の西岸の元町港を使うか北岸の岡田港を使うか、どちらかを選ばなければならない。もしも大型港が一つしかなく、その日の気象がその港の利用に不利だったら、避難は困難をきわめていたにちがいない。

東海汽船の役割も大きい。海上保安庁の船や海上自衛隊の船はあまり多くの人を乗せられないが、東海汽船のフェリーの収容能力は大きい。避難人員の七割はフェリーで運ばれている。避難する人びとを港に運ぶバスも東海汽船の運営だ。一企業による独占状態という非難があろうとは思うけれども、緊急時にはそのことが有利にはたらくのは明らかだ。陸上輸送と海上輸送が一貫したシステムのなかで行なわれるのだから。――地域と企業の共存が、複数企業による競争の利以上に、とりわけ危機のときには，よく機能するのではないだろうか。

雲仙普賢岳の噴火でも多くの人びとが避難生活を送ったが、伊豆大島噴火での避難はそれと性質を異にしている。陸上を別の土地へ移るのではなく、海を渡らなければならないからだ。海を渡るには、自家用車というわけにはいかない。船に乗らなければならない。自家用の漁船やヨットでも渡れなくはないけれども、それは天候によってはかなりの危険を覚悟しなくてはならない。

島に住むということは、島内で暮らしているぶんにはいいけれども、島の外の土地へ行くためには船が必要なのだ。このごろは、大島にも八丈島にも空港があり、飛行機を使うこともできるが、その飛行機にしても、自家用機を使える人はごくわずかでしかない。

ぼくが初めて大島へ渡ったのは、四十年ばかり昔のことだ。そのころ、大島航路の船は今の船よりもずっと小さかった。船が小さければ、それだけよく揺れる。その日の天候が荒れてもいたのだけれども、乗客のほとんどの人が吐いていた。ぼくはなぜか船酔いに縁のないたちなのだが、疲れて睡ろうとしても、船の揺れでごろごろ転がるものだから、結局徹夜をするはめになり、船酔いの人たちの介抱に忙しかった。行きも帰りもそんなふうで、難行苦行の船旅だった。

それに比べると、現在の大島航路の船は巨船だから、たいして揺れない。風が強くて波の高いときに乗ったこともあるのだが、昔の船に比べたら極楽だったし、穏やかな海のときにはあまりにも揺れなくて物足りないほどの航海だ（八丈航路となると、三宅島を過ぎたあたりからたいてい揺れてくるが……）。

島と船は一つの共同体なのだ。島には船が欠かせない。船（会社）には島が欠かせない。それは一つの運命共同体だから、相互の信頼が不可欠だし、実際どの島へ行ってみても、島民と船会社・船員とのあいだには、まず強いきずなが見られるものだ。島によっては船（村営・町営の船のこともある）に乗って通学する中学生たちがいる。その中学生と船長とのあいだに結ばれている強い信頼・親愛感は、交わされる挨拶ひとつからもはっきり感じとることができる。

大島噴火の避難のときにも、そういう信頼が、あれだけの大がかりな避難を可能にさせた背後にあるだろう。

## 7

大島に「タメトモ」とか、「タメトモになる」という言い方がある。よそから来て島の女性が好きになり、結婚して島に住みついた人が、すなわち「タメトモ」であり、そうなることを「タメトモになる」と言う。

平安時代の末期、保元の乱に敗れて捕えられ伊豆大島へ流された源為朝（鎮西八郎為朝）に由来している言葉である。為朝は保元元年（一一五六年）、十七歳で大島へ流された。嘉応二年（一一七〇年）に追討されて三十一歳で自殺するまでの十四年間を大島で暮らしている。

身長約二メートルの偉丈夫で、豪弓を引くことで恐れられた武将であったが、入浴中に捕えられたのだという。都へ送られ死罪となるところを、その武勇を惜しまれて、腕の筋肉を断った上で伊豆大島へ配流されたのだが、為朝はやがて伊豆諸島を配下に収めて勢力強大となり、ついに追討軍をさしむけられて自決した。そのときにも、為朝は大弓で大矢を放ち、追討軍の船を沈めたと伝えられている。一方、為朝は実は八丈島へ逃れたのだとか、琉球へ逃れたのだといった伝説があるくらいに、民衆の夢を托された英雄の一人であった。

為朝について語られるいろいろな話の一つに、この英雄は大島に暮らすうちに、平家討伐の大願を捨ててしまい、この島の美しい妻との日々を選んだのだ、というのがある。

大島民俗資料『大島よもやま話』に、こんなふうに書かれている。

……為朝はさらりとその念願を捨て、愛しい島の美人と暮すことに満足したのである。後日、島人はこのこと以来大志大願を投げ打ち、名誉も、地位も、財産も要らないと為朝のように、その好きな島の美人と島で暮す心持ちを起した人を「為朝ごころを起した」と言う。これまでにも文士の為朝、役人の為朝等々爾来大島には第何世かの「為朝ごころ」主が後を断たない。

坂口安吾も大島でタメトモの一人に会っている。「消え失せた砂漠」というエッセーのなかに、三原山の蒸風呂の「オヤジらしい三十七八の詩人的人物」を描いている。

下山して土地の文学者に訊くと、「ああヨシナリ君。あの人は大島生れではありません。奥サンが岡田の人で、タメトモ心を起しましてな」という話であった。内地から来た旅行者がアンコの情にほだされ、天下の大事を忘却して島に居ついてしまうのを「タメトモ心ヲ起ス」という由(よし)である。(中略)島にはタメトモが多いそうだ。タメトモの暮しよいところらしいが、ヨシナリ君は特に優秀なタメトモらしいや。

大島に特に美人が多いのかどうかは、ぼくなどには分からないのだが、タメトモが多いというのは、すくなくとも心やさしいアンコがたくさんいるということだろうし、また、タメトモたちをあたたかく迎え入れる社会があるということだろう。

島は、一つ一つ違っている。個性がある。島の大きさがいろいろだし、島が本土や他島とどのくらい離れているか、どのくらい近いかによっても、それぞれ独自の相貌を見せているものだ。ただ、共通して言えるのは、ホスピタリティー(もてなし心)だ。旅びとににこやかな笑顔で接してくれる世界なのだ。自然条件のきびしい北の島でも、常夏に近い南の島でも、その一点は共通している。ぼくはこれまで、日本列島の大小さまざまの島を四十数島訪ねているが、どの島でも笑顔で迎えられてきた。都会から物見高くやってきたうさんくさい人間というような警戒心に出会ったことはない。

そしてもう一点、島にはそれぞれ強い自立性があるということも、付け加えておかなくてはならないだろう。行政上、一島一市、一島一町、一島一村といった一つの自治体を形成しているところに特に顕著なのだが、島というところは独立国のような世界なのだ。或る小島の老人は、東京の政府がどう変わろうと、総理大臣が誰になろうと、この島には関係のないことです、と言っておられた。景気不景気の波にしても、波が島までやってくるのには何年もかかるし、ようやく波が来てもそのときはもうさざ波みたいに小さくなっていて、ほとんど影響はありません、とも言っておられた。

大島噴火での避難生活で、島の人たちが少しでも早い帰島を願ったのは、誰でも生活の本拠地に帰りたいものだという一般論以上に、そういう自立する独自世界が島にはあるということの裏返しの証明だったのだろう。

# 三陸沿岸大津波

八戸
青森県
久慈
末前
摂待
乙部
田老
岩手県
盛岡
宮古
北上高地
釜石
大船渡
陸前高田
気仙沼
宮城県

# 1

小泉八雲（ラフカディオ・ハーン）に、「生神（いきがみ）」という短篇がある。明治二十九年（一八九六年）の三陸沿岸大津波に触発されて書かれた作品だ。こんなふうに書き出されている。（田代三千稔・訳）

大むかしから、日本の海岸は幾世紀かの不規則な間隔をおいて、非常に大きな高潮——地震や海底の火山活動のためにおこる高潮におそわれてきた。このように波浪がとつぜん恐ろしくもりあがって押しよせてくるのを、日本人は津波とよんでいる。最近の津波は一八九六年の六月十七日の夕方おこったが、そのときにはほとんど二百マイルにおよぶ長さの波が宮城、岩手および青森の東北地方をおそって、多数の都市や村落を破壊し、いくつかの地域を全滅させ、約三万の人命をうばった。

右のうち、六月十七日というのは誤りで、ほんとうは六月十五日であり、死者数は約二万七千人なのだが、ともあれ記録されているかぎり最大の被害をもたらしたのが、明治二十九年のこの津波だった。

小泉八雲は右の導入部を置いて、浜口五兵衛の物語に入ってゆく。「明治時代よりずっと以前に日本の沿岸のべつな地方におこった同じような災害の話である」と書いているが、なんらかの資料にもとづいているものか創作であるのかは不明である。

浜口五兵衛は村いちばんの有力者で、尊敬され好かれている老人で、湾を見下ろす台地の端に建てた家に住んでいた。

その日は下の村で祭りの用意をしていた。ちょっと休調の悪かった五兵衛は十歳になる孫と二人でその様子を眺めていた。

地震があった。びっくりするほど強くはないが、五兵衛にはなにか気にかかる揺れ方だった。見下ろしている村の家々には異常はなかった。だが、海が奇妙な動きを見せていた。海水が沖のほうへ引いていた。村人たちは地震には気づかなかったが、海の異常にはすぐ気がついて、引いてゆく波打際へ走った。

村人たちは知らなかったが、それは津波の前兆だった。五兵衛だけはそのことを知っていた。一刻も早く海辺の村人たち四百人を、この台地の上まで避難させなければならぬ。使いを走らせていては間に合わない。山寺の鐘を鳴らさせるにも時間がかかる。五兵衛老人は松明(たいまつ)の火で、台地上の田に並べてあった稲束につぎつぎ火をつけた。燃えさかる火を見た山寺の小僧が早鐘を打った。

海の異常を見に行っていた村人たちが、炎と鐘音におどろいて海から引き返し、台地へ登る石段道へ走った。急いで駆けつけた若者たちが火を消そうとするのを、五兵衛は「燃やしておけ、みなの衆」と叫んで、そのままにさせた。やがて村人全員が台地に集まった。孫も、村人たちも、五兵衛は気がちがったと思った。

日が暮れはじめた。たそがれ時のうす明かりを通して、押しかえしてくる海が見えた。津波だった。海が轟音をあげて斜面に突進し、水けむりであたりが見えなくなった。水煙が晴れると下の村は荒れ狂う白波にのまれていた。ごうごうと引いてゆく波が、家々をむしりとって行った。

津波はくりかえし襲ってきた。村の家は一軒のこらず流された。台地へ登る石段も消えていた。村の跡に海草や砂利が散乱していた。

村人たちはその後、五兵衛を浜口大明神と呼んで、昔以上に彼をうやまった。人びとの努力で村が再建されたとき、新しい村には五兵衛をまつる神社が建てられた。

八雲の短篇の末尾は、こうである。

……そして、ふたたび村を建てなおしたとき、村人たちは彼の魂をまつる神社を建てて、その正面のうえのほうに、金の漢字で彼の名前を書いた額をとりつけた。そして、お祈りをし供え物をささげて、彼を礼拝した。それを彼がどう感じたか、わたしにはわからない。――ただ、わたしの知っていることは、彼の魂が下の神社で礼拝されているあいだ、彼は丘のうえの古い草ぶきの家に、子供や孫といっしょに、まったくこれまでどおりに人間らしく質素に暮していったということだけである。彼が亡くなってからもう百年以上にもなる。彼の神社は今でもあって、村人たちは恐ろしいときや苦しいときに助けてもらうように、このりっぱな老農夫の霊に、なおも祈りをささげている、とのことである。

## 2

五兵衛は昔、祖父から津波のことをいろいろ聞いて育っていた。また、のちには津波についての土地の言い伝えをよく調べてもいた。そのために津波の襲来を察知することができたのだった。

津波をはじめとして、災害は災害に学ぶのがいちばんなのだ、という証しである。ただ、五兵衛の物語のこの村では、津波のあとの村をふたたび元の海辺に再建している。五兵衛大明神の言い伝えが消えなければ、何十年後か何百年後かの大津波のときに人びとは機敏に避難できるだろうけれども、当時を覚えている人たちが死に絶え、世代が変わってゆくにつれて、津波のことは忘れられ、大災害をまねくおそれが大きくなる。村が海辺にあるかぎり、津波災害は避けにくい。

たとえ五兵衛大明神の教訓が生きていたとしても、もしもその津波の前兆である地震が微弱で（あるいはチリ地震津波のように震源が遠すぎて揺れがなく）その時間が人びとの寝入っている深夜であったとしたら、海の引いて行くのに気づく者がなく、津波は一気に人と家を押しつぶし、さらってゆく。

津波から生命と財産を守るには、どんな津波も登ってこない高所に住むのが、いちばんである。だが、そうもいかない。五兵衛老人の家は台地上で農業を営んでいたけれども、村のほとんどの家は主に漁業で暮らしていたのだから、危険は承知でやはり海辺に住むほかない。海の仕事は海辺に住まなくては不便になる。津波のあと村人たちは、しばらくは五兵衛さんの屋敷とか山寺で生活したのだが、新しく建てる家は元の海辺に戻って行った。

岩手県生まれの作家菅原康氏の小説『津波』には、三陸沿岸の或る村を舞台にして、明治二十九年六月十五日の津波と、昭和八年三月三日の津波が描かれている。

その村では、明治大津波で住民約三百人のうち生き残ったのはわずか三十一人だった。梅吉という老人が中心になって、村の再建が図られた。梅吉は新しい村を山に造った。自分の持っている山林を開拓して、そこにみんなの家を建て、村を起こした。そして、山の村から海へ下りてゆく道の途中に、石標を建て、ここから下は危険地区であると明示した。

津波はいつかまた必ず来る。その悲惨を逃れるには山住みしかない。梅吉はそう信じているのだが、やがて浜に移住してゆく人たちが出てくる。

「毎日(めえにず)の浜仕事の捗(はが)がいがなくて、困りあンすド」

「この山から浜まで、毎日々々、行ったり来たりでァ。なんぼう暇だれだか、判らねえもなンす」

「ぜんてえ、漁師が浜ば捨てで逃げるッつう料簡が間違っているス」

などと言って、一軒また一軒と、浜のほうへ下りてゆく家がふえる。そのことに梅吉は心を痛めるのだが、その梅吉も死んでしまうと村の家の大半は浜に下りてしまった。そしてやってきたのが、昭和八年の大津波だ。深夜ではあったが強い地震で人びとが飛び起き、山上の望楼から海を見た古老たちが津波の来るのを知った。山へ登る二本の道にたくさんのかがり火が焚かれ、その明かりをたよりに浜の人びとが山へ逃げた。浜の家は二十三戸すべて海に流された、という小説である。終わりのページの一部を引いておく。

> 望楼の上に古老たちと浪吉が、そして望楼の下にタツ、源次郎、友三、お咲たちが佇ちつくしていた。
> 塵芥（ちりあくた）と化した家々の残骸が、そして幾つもの破舟が浮き漂っている湾は、三月三日（さんがさにず）のお天道様に映えて、きららかに耀きだしていた。その照り翳りする水脈のなかに、
> 津波ハ必ズ来ル　命ニカケテ
> 山カラオリテハナラヌコ
> 「ト」と書かぬまま逝った梅吉の血書きの文字を、染め抜き文字のようにありありと、佇ちつくしている彼等は見ているのであった。

明治二十九年（一八九六年）から昭和八年（一九三三年）までは三十七年。大津波と大津波のあいだのその年月が長いか短いかは見方によるだろうが、この小説のような歴史を持っている村々は、三陸海岸のあちらにもこちらにもある。そして、明治津波の記憶が昭和津波のときに役立てられたところも、役立てられなかったところもある。

# 3

岩手県下閉伊郡田老町は、三陸海岸の中ほどにある町で、「津波タロウ」の異名を持っている。慶長・明治・昭和の三回の大津波のたびに全滅に近い大被害を受けてきた土地である。

現在の田老町には山村地区が含まれているが、かつていくつかの村に分かれていた海岸地区では、左記のような惨状だった。（田老町発行の地域ガイド『津波と防災——語り継ぐ体験』による。）

明治三陸大津波（田老村）

| | |
|---|---|
| 罹災戸数 | 三三六戸 |
| 死者・不明者 | 一八五九人 |
| 罹災生存者 | 三六人 |
| 漁船流失 | 五四〇隻 |

二千人近い人びとのうち生き残ったのはわずかに三十六人だったのだ。家族を失い、親類知己を失い、近隣を失い、荒廃した村を見下ろしたときのその人たちの絶望感は想像もつかない。きのうまでの村はあとかたもなく、住むべき家々はすべて海にさらわれ、生計の手段である船も全部流失していたのだ。村のあったところには家と船の破片が散乱するなかに、死者たちの無残な姿が見えていた。津波をのがれた三十六人も、それぞれに傷を負っている。からだは痛み、心は引き裂かれる。地獄の苦しみだったにちがいない。

当時の田老村は、田老・乙部(おとべ)・摂待(せったい)・末前(すえまえ)の四集落から成っていた。そのうち末前は山間地にあり、津波のあったことも当初は知らなかった無傷の小集落で、摂待も海辺の九戸五十一人を失ったが海から遠い家々は無事だった。田老は二四二戸のうち海辺の一九一戸一四〇七名を失い、乙部は九四戸全戸四〇一名を失っている。

乙部で生き残ったのは、その夜沖へ出ていた六十人だった。四人乗りの船十五隻で沖合数キロの海へ流し網漁に出ていた。網を張っているときに陸のほうに汽車の走るのに似た音があったという。波はおだやかだったが異様な音が気になって、網を引き上げて陸へ向かった。帰る途中で大波に三度出会った。そして波間におびただしい流木が流れてくるのを見て、津波が陸地を襲ったことを知った。港には波が高くて入れなかった。相接している田老と乙部に一つの明かりも見えず、漁師たちは家族の心配をしながら港外の海上で夜明けを待った。岩山から助けを求める声が聞こえていたけれども、闇の海ではどうすることもできなかった。朝が来て村に帰ってみると、一戸も残っていない惨状にただ号泣するだけであったという。

北海道へ出稼ぎに行っていた漁師若干名は津波にあわずにすんでいる。たまたま東京へ出張中だった村長も生き残ったが、村の役員・職員のうち生存者は村長と小学校教員一名の二人だけであった。村長が帰村するまで、臨時の村長を勤め救護活動に力をつくしたのは田老の財産家で扇田栄吉という人だった。この人は津波のとき波にさらわれ、壊れた家の材木にからだをはさまれたまま海へ流されたのだが、二回目の津波で材木がゆるみ、その隙間から首を出すと三回目の津波で沖へ流れたという。運よく岩にしがみつくことができて、全身に負傷しながらも助かったのだった。一家十人のなかで生存したのは栄吉一人だけである。身心ともにぼろぼろであっただろうが、それでも村長の代わりになって大活躍をしたというのは、よほどの精神力の持ち主だったのだろう。

この人や村長を中心にして、田老村の再建が進められてゆく。そこには多くの苦難がありドラマがあったことだろうが、津波から三十余年後の昭和初期には、田老村は以前よりも繁栄していた。八百余戸五千人の大きな村になっていた。

そこに襲いかかったのが、昭和三陸大津波だった。

明治大津波に比べればこのとき三陸沿岸を襲った津波の高さは低かったのだが、それでも田老湾への津波が宮古湾や釜石湾などの諸湾よりも高く、田老村はふたたび三陸沿岸いちばんの災害を受けてしまった。

昭和三陸大津波（田老村）

羅災戸数　五〇五戸

死者・不明者　九一一人

羅災生存者　一八二八人

漁船流失　九九〇隻

三陸沿岸の三月三日は、まだ冬のさなかである。深夜二時半頃の強い地震で人びとは目が覚め、浜へ行って海の様子を見た。津波が来るおそれが語られ、近くの山へ避難する人たちが多かったのだが、しばらくたって異常のないのに安心した人びとは暖かい家に戻って行った。そこへ津波が来た。津波は田老村の家々の過半を破壊し、九百余の人命を奪って行った。（この津波での三陸沿岸全体の死者は約三千人、流失倒壊家屋約七千戸だった。）

## 4

明治と昭和の二度にわたる津波で潰滅させられた田老村をどう再建したらよいか。津波から村を守るのに最良の方法は言うまでもなく「高地移転」だ。再建計画作成にあたっては高地移転の意見が有識者の口から異口同音に述べられた。しかし、田老村の場合、少なくとも約五百戸の移転が必要になる。それだけ多くの家を移転することは、あまりにも難事であり、それに、移転に適当な広い高地は近くにはなかった。

もとの土地、すなわち海辺に村を再建するほかはない。だが、そのままではいつまた津波でやられるか分からない。大防波堤の築造計画が立てられた。海岸近いところに長い防波堤を築いて、家々は防波堤の内側に建てることにする。防波堤の外側の浜には人は住まない。

防波堤はそれから六十数年のあいだに、より長く、より高く、より頑丈に、「万里の長城」と呼ばれるほどに築かれてきた。いま田老町には巨大な防波堤がX字形に続いている。Xの左側に人びとの住む町があり、右側に浜と海がある。明治大津波規模の津波が来てもX字の右半分の堤防が受け止めてくれるであろうし、もしもその堤防が波に乗り越えられたり壊されたりしてもX字の左半分の堤防が支えてくれるはずである。（田老町では現在も堤防の追加工事が続いていて、その高さや厚さにも、また出入り通路の巨大鉄扉にもおどろかされる。）

浜には防潮林が育成されてきた。テトラポッドの防潮施設も設けられている。田老湾に注いでいる二本の川には岩手県一という水門が設置されていて、津波が来たときには水門を閉じて波が川をさかのぼらないようにできる。

岬の崖には、明治大津波と昭和大津波の水位が示され、道路には大津波がここまで来たという大きな標識が出され、人びとにいつも注意をうながしている。

そして田老の町のあちらにもこちらにもあるのが、避難誘導標識である。津波避難場所名と、そこまでの距離を示してある。昭和大津波のときには山へ逃げようと走って、崖を登りきれずに波にさらわれた人たちがいたが、その後は何本もの避難階段が造られている。誘導標識に従って行けば、かならず高いところへ登れるようになっているのだ。

昭和三十五年(一九六〇年)五月二十四日早朝、朝漁で船を出した漁師たちが異常潮位に気づいた。チリ地震津波だった。南米チリ中部沖合で発生した巨大海底地震が大津波を起こし、ほぼ一昼夜後に日本列島沿岸に到着した。津波は北海道から九州までの太平洋沿岸を襲い、北海道南岸と三陸沿岸に被害を与えた。死者一三九人、被災家屋約四万六千戸の大津波であった。

三陸沿岸では大船渡(おおふなと)市周辺が特に大きな被害を受けているが、このチリ地震津波で田老町はほとんど無傷だった。大防波堤が津波を防いでくれた。さいわい早朝のことだったのですでに海も町も明るく、町民は冷静に避難した。毎年行なわれる避難訓練通りに完全な避難が行なわれたのだった。死者も負傷者も出なかった。港の小船が流されただけで、家屋の損傷もなかった。

さきにも引いた『津波と防災』に、チリ地震津波を調査した東北開発研究会の報告が抄録してある。そこにこんな一文がある。

津波はもちろん自然現象であるが、これによる被害は社会現象である。

こんどのチリ津波では、昭和八年津波の経験を生かしたところは巧みに災害を避けている。（またその経験を生かし得なかった所では予想外に大きな災害を被っている。）

これによって我々は自然現象としての津波は防ぐことができないかも知れないが、社会現象としての被災は避けることができるという自信を得た。同時にそれに払う努力の必要性を痛感した。

「津波タロウ」とまで言われてきた田老町の自信がこの調査報告の背後にあることは言うまでもない。

田老町が昭和九年以来築造してきた防波堤の総延長はおよそ二五〇〇メートルに及んでおり、さらに、この十年ばかりで避難路と照明施設が大きく整備されている。防災行政無線システムや津波・潮位の監視システムなども備えられた。

今回三陸沿岸各地を取材していたとき、泊まっていた宿でテレビを見ていたら、地方局ニュースのなかで津波警報のときの避難率が最近は五パーセントにまで下がっていることが報道されていた。避難勧告地域約十万人のうち実際に避難した人は五千人程度だったそうだ。前回警報時は一二パーセントであったという。明治大津波、昭和大津波の記憶どころかチリ地震津波の記憶も薄れてきているからのようだ。危ういことだ。ただし、田老町について言えば、住民の防災意識は高く、防災対策は他にぬきんでている。三月三日に行なわれる避難訓練への参加者数も年々増加している。

朝日新聞岩手版がチリ地震津波の被害を報じている昭和三十五年五月二十六日付の記事のなかに、「〝大変だ、津波だ！〟菊池市長の老母が第一報」というのがある。宮古についての報道の一部だ。

# 5

宮古市長菊池良三（りょうぞう）氏の母ソノさん（八四）は津波前夜の二十三日東京から宮古に帰り、閉伊川河口近くの実家で休んだが、午前二時半ごろだったか、川の音がおかしいので出て見ると、すごい勢いで水が引いていた。そこで息子の菊池市長に電話をかけ「良三、大変だ、津波だ」と連絡した。菊池市長は飛び起き宮古消防署に「オレが責任もつ。早くボタンを押せ」と津波警報を出させた。そのため宮古市の津波警報は他市町村より早く出た。「ああいう時はたとえ津波にならなくても人騒がせにはならないだろう」と菊池市長は大いに気をよくしている。

記事には書かれていないが、市長の母のソノさんは明治二十九年の大津波にも、昭和八年の大津波にも遭っている人なのだろう。年齢からみて、明治大津波のときに二十歳、昭和大津波のときに五十七歳ということになる。

津波のおそろしさが身にしみていた人だからこそ、川の異常に早く気がつき、真夜中にもかかわらず息子の市長に電話をかけたのであろう。市長の年齢は分からないけれども、二十七年前の昭和大津波のときにはすでに大人であっただろうから津被災害の悲惨はよく知っていたと見ていい。老母の急報を受けて即刻行動を起こしたのは、一つには老母の体験からくる判断を市長が信じたからであろうし、また、市長自身も津波の前兆現象をよく知っていたからだろう。

ほかの災害にも言えることだが、なかでも津波の場合は体験が大きく役立つ。津波の来る前に海がいったん引いて行くという現象とか、襲ってきた津波の引く力がいかに大きいかとか、津波がくりかえしやってくることとか、沖に出たら大丈夫であるとか、そのほかたくさんのことが深く記憶され、語り伝えられてゆくことが、つぎに来る津波の災害を軽減させる役に立つのだ。右の記事に、その一端が見えている。市長の母の体験と市長自身の体験とが重なり合って、よそよりも早い警報発令につながっている。警報が早ければ早いほど、人びとの避難が混乱少なく行なわれるだろうし、警報が遅れたら逃げきれない人たちも出てくることになる。

## 6

ぼく自身は津波災害を受けたことはないけれども、一九九三年の夏、北海道南西沖地震による大津波が奥尻島を襲ったとき、たまたま佐渡島北端の弾崎（はじきさき）にいて、小規模の津波を目で見た。地震のあったのは前夜のことだったが、その時間ぼくはもう酔って寝込んでいた。翌朝網起こしの船に乗せてもらう約束をしていたので、早く寝ておこうという気でもあった。

地震があって津波が来たという話は、夜明けの漁港へ下りてゆく車のなかで聞いた。ぼくがぐっすり眠っていたあいだ、漁師さんたちは徹夜で船を沖へ避難させていたという。夜中の暗い海での操船で足に怪我をして血を流している人もいたが、この漁港での被害は小型漁船二隻の沈没にとどまっていた。人出が足りなくて沖へ出せなかった船が、津波で岸壁に叩きつけられて沈んだのだった。

ぼくが港に着いたときには、津波はもうかなりおさまっていた。岸壁を乗り越えて番屋の戸口まで来たという大波はなく、沖へ避難した船もそれぞれ港内に帰っていた。

だが、それでも、ぼくの目をおどろかせたのは、港外から港内に流れ込む海水の勢いだった。まるで豪雨のあとの川の洪水だった。渦を巻いて激しく流れる海水が不気味な音を立てて盛り上がり、繋留してある船を大きく持ち上げる。その海水がしばらくすると逆に、港外へ向かう激流に変わる。船がぐぐっと下がる。その繰り返しだった。

津波はまだ終わりきっていないのだった。その海へ網起こしの船団が出かけるという。ぼくはほんとに大丈夫なのかなと恐れながら主船に乗せてもらった。沖へ出てみるとたしかに、どうということはない。津波の余波はあるのだが、気づくほどのものではなかった。風のない、べた凪ぎの海だった。
網起こしから帰ったときも、出かける前ほどのことはなかったが港内では船が激流に揺られた。夜中の津波はどんなものだったかと想像すると、身ぶるいが出た。

ぼくはこの朝、「津波」という言葉をはじめて実感した。「津波」は近代の新造語で古くは「海嘯」だという人があるが、そうではあるまい。『大言海』の「つなみ（津浪）」の項には、江戸時代の文献からの次の諸例が載っている。

「政宗領所ノ海涯ノ人屋、波濤大ニ漲（みなぎ）リ来タリ、悉（ことごと）ク流失シ、溺死者五千人、世曰ニ津波ニ」

「大地震、云云、江戸中、貴賤殃死（おうし）、怪我人カゾヘ尽スベカラズ、此時、房州、総州ノ津浪、夥敷（おびただしく）シテ、死スルモノ二万一千人ナリトゾ」

「六月十四日（安政元年）地震之時モ津浪ヲ恐レ、諸人、山ニ登リ、七八日モ山住居（やまずまい）致シ候」

津波は、津の波（浪）なのだ。沖へ出ればたかだか数十センチの潮位の変動に過ぎないが、その海水が狭い津（港・湾）の奥まで入ってくるとき、海水は高く盛り上がり、陸へ走り、十メートル、二十メートル、ときに三十メートルの高所へも駆け登ってくる。

田老湾にしても宮古湾にしてもそうだが、三陸一帯のリヤス式海岸は、開口部が広く奥の狭くなった湾をたくさん持っている。陸地の背後はたいていV字谷だ。その谷から湾に注ぐ川の河口部平地が人びとの暮らしの場になっていることが多い。そこへ、津波が襲うのである。海があるから漁港をつくることができ、漁業で生計を立てられるのだが、その地形が津波を招く。

チリ地震津波のように遠隔地の巨大海底地震が運んでくる津波もあるが、それよりはるかに多いのが、三陸沖の海底地震による津波だ。三陸沖の日本海溝沿いに海底地震が多発することと、三陸地方のリヤス式海岸地形とが重なり合って、明治三陸大津波も昭和三陸大津波も起こっている。それより小規模の津波もたびたびである。三陸沿岸は世界でも屈指の津波常襲地帯なのだ。

もう一度言うが、津波は津の波なのだ。海底地震で海が持ち上げられて最初の津波が生じる。だが広大で深い海では、海面上昇はわずかのものである。その津波が陸地に近づくと、急に浅くなる海で海水が盛り上がる。風のつくる高潮とちがって津波の高潮は海底の海水までが動いてきているからだ。その高潮が津＝港へ入ってくる。開口部から奥へ進むにつれて、海はさらに浅くなり、左右の幅は狭くなる。外洋からやってきた海水はその浅く狭いところへ集中し、巨大なエネルギーで隣地を駆け上がってゆき、つぎには一切のものをさらって引いてゆく。その繰り返しが半日とか一日とか続く。

ぼくは北海道南西沖地震の翌朝、震源から約三〇〇キロメートル離れた佐渡北端の港で、港内を襲う波と沖の海とのあまりの落差を体験して、「そうか、津波は津の波なんだ」と知ったのだった。

最後に、専門家による津波の定義を引いておこう。和達清夫（わだちきよお）編『津波・高潮・海洋災害』にある「津波の定義」に、こう記されている。

> 地震、噴火、地辷（じすべ）り、崖くずれなどの地変によって起こされる海水や湖水などの異常な大波を津波という。（中略）普通津波と言えば地震による海水や湖水の大波をさす。
> 津波の津は港ということで、津波とは、海岸を急に襲う大波を意味している。英語で津波のことをSeismic Sea Waveといい、またスペイン語でMaremotoというが、今日、国際語としてTsunamiが最も多く用いられている。

また、「津波は、その名称のように海岸で急に発達するが、沖にいる舟はほとんど気がつかないのが普通である」という記述もある。ぼくが佐渡北端で体験した小津波も、やはり津波一般の動き方をしていたということだ。

三陸海岸を走る列車に乗っていると、窓から見えるのはたいてい山の景色だ。深い山の中を走っているような錯覚を起こしてしまうのは、沿線にほとんど人家を見かけないからだ。そしてときどき、深く切れ込んだ湾が木々の枝越しに見えてくる。湾奥にはかならず人家が建ち並んでいる。どの湾もたびたび津波に襲われているはずだが、それでもそこが住みよい土地なのだ。背後の断崖の上には家はなく草木が茂っているだけである。

# 桜島大正噴火

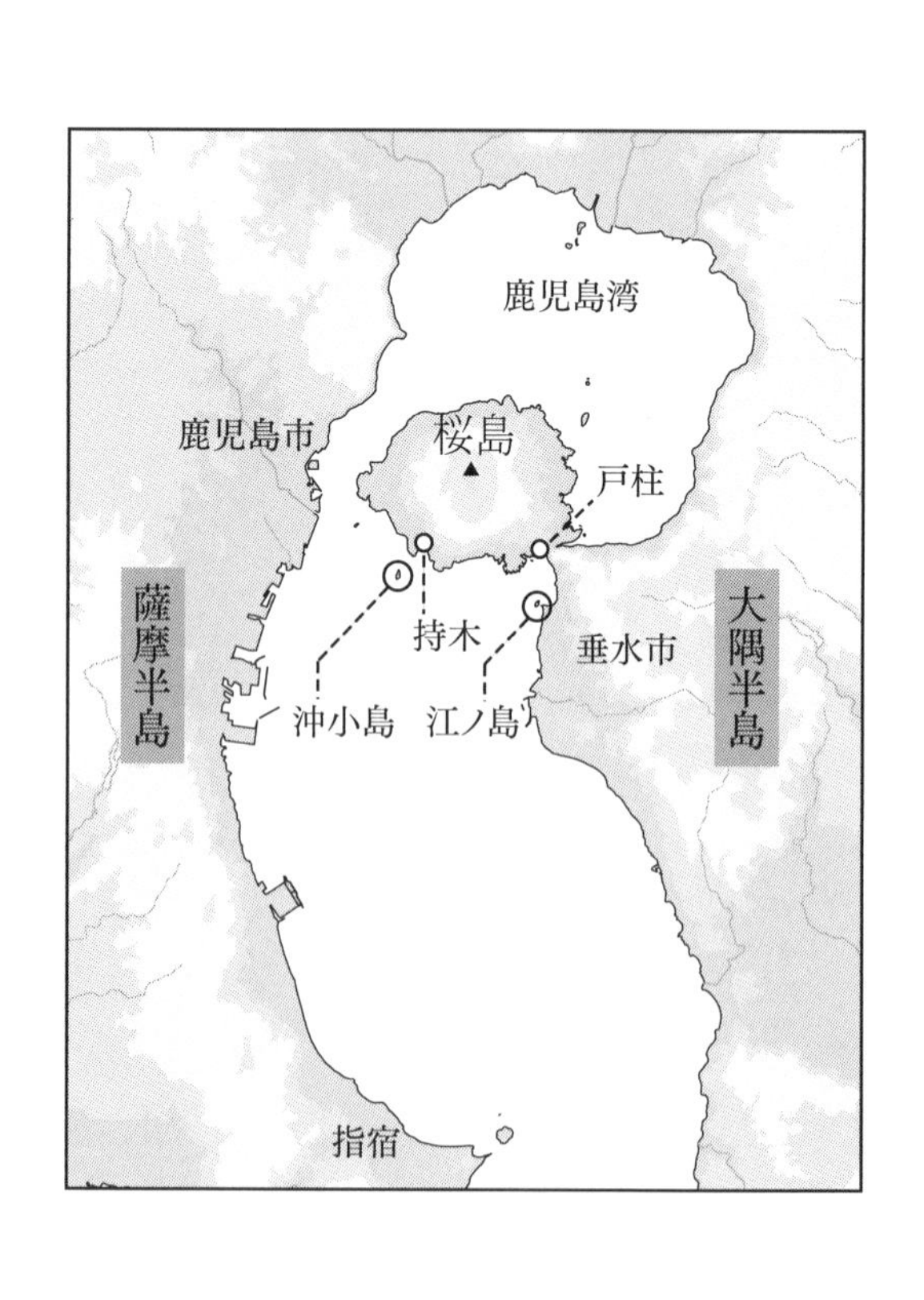
鹿児島湾
鹿児島市
桜島
戸柱
持木
垂水市
沖小島
江ノ島
薩摩半島
大隅半島
指宿

# 1

東桜島小学校の校庭の一隅に、「桜島爆発記念碑」がある。鹿児島湾を見下ろしているこの石碑は、大正三年（一九一四年）の桜島大噴火を語るもので、しばしば諸書に引用されている悲痛な文章を刻み込んでいる。

大正三年一月十二日、桜島ノ爆発ハ安永八年以来ノ大惨禍ニシテ、全島猛火ニ包マレ火石落下シ、降灰天地ヲ覆ヒ光景惨憺（さんたん）ヲ極メテ、八部落ヲ全滅セシメ百四十人ノ死傷者ヲ出セリ。

桜島の南岳西側山腹と東側山腹にある寄生火山から、相つぐ大噴火が起こった。まるで山が二つに裂けたかのように見えたという。

大噴火のはじまりは午前十時ごろだったが、たちまちあたりは黒煙で夜のように暗くなり、雷光と火山弾が飛び交った。海に降りそそぐ火山弾が水煙を上げ、海上の視界も閉ざされた。高温の落石が家々を炎上させていった。爆音がひびき、大地が揺れた。その夜から翌十三日の午前にかけて火山爆発は極盛期に入り、爆音が桜島全山をゆるがせた。

十三日夜、熔岩が東西両方向へ流れはじめた。地震の相つぐなか、数日のうちに熔岩は山を下り、海に近づいた。十六日には東方向の熔岩流が海岸に到達し、二十日には西方向の熔岩流が沖合六百メートルの烏島（からすじま）という小島を埋没させた。二月の末頃には、大隅半島とのあいだの海峡が埋めつくされていた。幅四百メートル、水深五十〜七十メートルの海峡が熔岩流に埋められ、桜島は大隅半島と地つづきになった。

噴火は八月までつづいた。一年後でもまだ、海へ突き出た高温の熔岩で、海水が白煙を立ち上らせていたという。日本列島火山噴火史上、まれに見る大噴火であった。

爆発記念碑は、だが、その噴火と災害の大きさを語ろうとしているのではない。碑文の主眼は、さきに引いた部分よりも後のほうにある。

## 2

噴火から十年後に建立されたこの記念碑に、桜島の人びとは、以下の文字を刻みつけた。

其（その）爆発数日前ヨリ、地震頻発シ岳上ハ多少崩壊ヲ認メラレ、海岸ニハ熱湯湧沸シ旧噴火口ヨリハ白煙ヲ揚ル等、刻々容易ナラザル現象ナリシヲ以（もっ）テ、村長ハ数回測候所ニ判定ヲ求メシモ、桜島ニハ噴火ナシト答フ。

爆発数日前からの相つぐ異変に、桜島の人びとの不安は高まっていた。大噴火が迫っているのではないかと、誰もが恐れだしていた。村長も当然その一人である。鹿児島測候所へ電話をかけて、大噴火の危険がないかどうかを問合わせた。測候所では数百回の地震を観測していたが、しかし震源は桜島ではないと見ていた。そのため、答は、「桜島には異変なし」とのことだったのだ。時を経てさらに不安の高まった桜島からの再度の問合わせにも、鹿児島測候所の返答は同じであった。

だが、島民の一部は、自分たちの判断で避難を始めていた。野添武著『桜島爆発の日』（南日本新聞開発センター刊、一九八〇年）に、数多くの避難体験記があつめられているが、その一端を引いておこう。

十一日の夕方頃になると、地震はやみそうな気配もなく、ますます強くなり、さらに北岳の山崩れは見ていても恐ろしいほどはげしく崩れ落ちていました。

役場からはこの地震について、「桜島の爆発ではないから避難しないでよい」という測候所からの電話を伝えてきましたが、地震と地鳴りは一層烈しくなるばかりでした。多くの部落民は、はじめの落ちつきを失い、避難しようということに急転しました。私も避難の準備をしていると、近所の長浜岩助（当時二十八歳で私と同級生）がやって来て、

「湯之の浜では部落民が避難を始めているから、はよ逃げ出さんと、船がおらんごつなっど」

と言いました。
そこで私は、荷物を運び出すついでに、湯之浜まで様子を見に行ってみると、避難しようとする男、女、子供、老人の泣き叫ぶ声、わめく声が山崩れの地響きの中に入り乱れ、足の踏み場もない混乱ぶりでした。

これが爆発前日の夕方のことである。翌十二日、爆発が始まってからの避難はそれどころではない混乱を引き起こしたし、軽石のびっしり浮かんだ海を火山弾の降りしきるなか渡らなくてはならなかった。避難の困難は一刻一刻増大していった。もしも、一日でも二日でも早くに避難できていたらと、のちに桜島の島民が測候所の判断をうらんだのは、無理もないことだ。
碑文は、さらにこうつづく。

故ニ村長ハ残留ノ住人ニ、狼狽（ろうばい）シテ避難スルニ及バズト諭達セシガ、間モナク大爆発シテ、測候所ニ信頼セシ知識階級ノ人、却テ（かえって）災禍ニ罹（かか）り、村長一行ハ難ヲ避クル土地ナク、各々身ヲ以テ（もって）海ニ投ジ漂流中、山下収入役、大山書記ノ如キハ終ニ（つい）悲惨ナル殉職ノ最期ヲ遂グルニ至レリ。

遅れて避難をした人びとには、すでに乗るべき船はなかった。先に避難した人びとが船を戻すと言って出て行ったのだが、船は帰って来なかった。黒煙の立ちこめるなかに火山弾の飛び交う海だった。対岸への避難が精一杯で、とても船を島へ戻せる状況ではなかった。村長一行のほかにも、鹿児島の町へ向かって、また大隅半島へ向かって、海を泳いだ人びとがいたのだが、その地獄の海で生命を失った人が大半だった。まさしく地獄の海だったのに加えて、季節は真冬だった。南国の海とはいえ、冬の海は泳ぐ人びとの体温を急速に奪い取ってゆく。

碑文の最後は、こうなっている。

> 本島ノ爆発ハ古来歴史ニ照(てら)シ、後日復亦免(またまたまぬが)レザルハ必然ノコトナルベシ。住民ハ理論ニ信頼セズ、異変ヲ認知スル時ハ、未然ニ避難ノ用意尤(もっと)モ肝要トシ、平素勤倹産ヲ治メ、何時変災ニ遭(あ)モ路途ニ迷ハザル覚悟ナカルベカラズ。茲(ここ)ニ碑ヲ建テ以(もっ)テ記念トス。
>
> 大正十三年一月　東桜島村

## 3

碑文は極力おさえた言い方ながら、測候所への恨みを語り、今後は理論（測候所の判断）を信じてはならないと、全住民に訴えている。学者の言うことよりも、自分自身の耳目に頼るべきだ、と言っているのだ。

当時の鹿児島測候所の判断――桜島には異変はない、避難の必要はない――に対して、見方はいろいろある。

碑文以上に激しく測候所を非難している文章が多いのは無理もないことだが、一方、当時の火山学の水準や観測機器の精度から見て測候所の失敗を擁護するものもある。その中間の見方もある。

ここでは、その是非を言うよりも、現在の火山学者の見方を紹介しておこう。桜島大正噴火から八十余年、火山学は当時とは比べものにはならないくらい大きく進展している。桜島にも気象庁や大学の火山観測所が設けられ、常時火山活動が観測・監視されている。

京都大学防災研究所附属桜島火山観測所がその一つである。一九六〇年に開設され、桜島火山の重要諸地域に設置されている観測室・観測井・観測坑道などからの豊富なデータが、桜島港に近い大正熔岩原に建っている本館に送られている。計器（センサー）で観測されているのは、地震、地盤変動、地熱、重力、地磁気、噴火映像、空気振動、地下水、火山ガス等と、火山活動の多岐にわたる現象だ。これらのデータが本館へテレメーターで送られて集中記録され、高度なデータ分析システムにもとづいて総合判断が下される。研究の主目的は、「桜島火山の噴火機構の解明と噴火予知」「火山体の構造の解明」「霧島火山帯の火山活動の相互関連性の究明」「火山災害軽減に関する研究」の四点に置かれている。

火山観測所長の石原和弘教授にお会いした。火山研究者がすべてそうであるかどうかは分からないが、火山を学問の対象として見る自然科学者としての側面と同時に、火山が人間の生活や生命にかかわっていることを重く見ている人文科学者の一面を持っておられる研究者だとお見受けした。火山のメカニズムの解明は純然たる自然科学だが、それが人間生活に及ぼす影響、ことに災害ということになれば、これは社会学や心理学や歴史学や、政治・行政、経済その他自然科学の枠外の多くのことがらに関わってくる。

石原教授の最近のエッセー「『桜島爆発記念碑』再考」を読んでも、それがよく分かる。

桜島大正噴火がもたらしたものに、火山学の根本課題の一つである「マグマ溜り」の研究の大飛躍があったというのは、自然科学者としての所見である。大正噴火を契機とするその後の研究で、桜島を中央火口丘とする姶良(あいら)カルデラ(鹿児島湾)の地下約一〇キロメートルにマグマ溜りのあることと、そのマグマがカルデラ地下へ上昇していることが分かっているそうだ。「マグマの上昇が続く限り、桜島の噴火は必然である」という。爆発記念碑の碑文が、古来の歴史から見て桜島が今後もまた爆発を繰り返すとしているのを科学者として裏付けているわけだ。事実、桜島は一九五五年(昭和三十年)以降現在も山頂噴火をつづけている。(ただし今のところはマグマの上昇と火山灰噴出量がほぼバランスしているので「今すぐ大正クラスの大噴火が発生する可能性は低い」そうだ。)

そこまでは自然科学である。そして、そのあとに、科学と人間の接する局面が、つぎのように具体例を挙げて語られている。

大きな噴火の直前には、有感地震が頻発する。事実、桜島の文明と安永の噴火の前にも数日前から地震が発生した。大正噴火の時もその体験が語り継がれていて、いくつかの集落では事前に自主的な避難が行なわれていた。

大正噴火の四年前、一九一〇年に北海道の有珠山(うすざん)が噴火した。大森房吉(ふさきち)博士の講義を受けたことのある室蘭警察署長飯田誠一は、有珠山付近で有感地震が増加したとの報告を受け、火山から半径一二キロメートル以内の地域の住民に避難命令を出した。噴火が発生した時点では既に避難が完了していて死傷者がなかった。当時の火山学の「理論」に従った行政側の判断と対応により噴火予知に成功したわけである。

何故、桜島ではそれができなかったか？ 一言でいえば、有感地震の震源が桜島にあると判定できなかったからである。鹿児島測候所には、旧式の地震計が一台あるのみであった。一台の地震計で震源地を特定することは現在でも難しい。しかも、前年に霧島北麓や伊集院で顕著な地震があったので、震源地の判定は極めて難しかったと推察される。

ここには明言されていないけれども、危機に面したときのリーダーシップのありようは、火山噴火にかぎらず自然災害のときに、被害の大小を大きく左右するものだ。

また、行政の日常対策も、災害規模にかかわってくる。気象庁は日本列島の八三活火山のうち一九火山を常時監視していて、他の火山についても機動観測班が巡回観測しているということだが、石原教授によると火山の監視観測にあたっている人員があまりにも少ないという。日本とほぼ同数の活火山をかかえているインドネシアでは火山調査所職員が約五百人であるのに対して、日本では約七十人にすぎない。

インドネシア火山調査所は、これまでにたびたび噴火を予測し避難勧告を出して噴火予知に成功した実績を持っているという。ただ、一九九四年のメラピ火山噴火では、火砕流による多数の死傷者を出している。インドネシア随一の観測設備を持つメラピ火山観測所では半月以上前に火砕流の可能性を示唆した警告を出していたのだが、行政との意思疎通を欠いていて、行政がその警告を無視していたそうだ。この例を挙げて石原教授は、「噴火予知は、火山情報を受けた行政、住民、報道が『異変を認知』して、適切で冷静な対応（未然の避難の用意）があってこそ初めて実現される」ことを強調し、つぎのようにエッセーを結んでおられる。重要な指摘だと思うので、結部の全部を引かせていただく。

より重要なことは、ある火山が噴火した場合、どの範囲にどのような危険が及ぶか、監視機関、行政、住民、報道及び研究者が共通の認識を持つことである。それを図化したのが噴火災害危険予測図である。インドネシアでは、過去の噴火と災害に関する調査をもとに、全ての活火山の危険予測図が一九七〇年代に作成公表され、日常の住民の教育、土地利用、避難勧告の指針などに利用されてきた。その図には、危険度と災害の種類に応じて、三〜五種類の区域が示されている。

わが国でも二十年前に研究者によって作成が意図されたが、当時の社会では受け入れられず断念された。一九九二年に国土庁により火山噴火災害危険区域予測図作成指針が示され、個々の活火山の危険区域予測図の作成が、関係する自治体、政府の出先機関及び研究者によって開始された。この図が土地開発・利用の規制につながるとの危惧から作業が円滑に行かない火山もある。活火山は「噴火によって成長する山」である。「火山との共存」を実践するには、将来起こり得る事態を想定し、地域社会がリスクに応じた土地の有効な利用形態を工夫する必要があると思う。

その通りだ。火山学は人間学なのだ。自然科学を足場にしながら、人間社会のありかたに目を注いでいかなければ意味を持たない。

## 4

鹿児島市、垂水(たるみず)市、桜島町が共同で作っている「桜島火山防災ポケットブック」と「桜島火山防災マップ」がある。桜島のおよそ半分が現在は鹿児島市に所属しているため、桜島は桜島町と鹿児島市に分かれている。垂水市は大正噴火で桜島と陸つづきになった大隅半島の市である。

防災ポケットブックは、今後も起こり得る大規模噴火に備えて、緊急時の行動指針を示したもので、情報伝達と避難の手順のほか、住民が井戸水や海や動物の行動などに異常を発見したときの各地区の連絡先一覧表なども載せている小冊子だ。

もっと大事なのが、防災マップで、新聞二ページ大の大きな地図に、文明噴火・安永噴火・大正噴火・昭和噴火(昭和二十一年)のそれぞれの熔岩原を図示し、緊急事態が発生したときの各地区での避難建造物(学校や体育館)と退避壕などが示され、桜島全島に設置されている避難用の港(二十一港)と、各避難港に割り当てられている船の名前を掲載している。ヘリポート、消防・警察施設、防災無線塔、火山観測点とその機器も図示され、また、仮想噴火口からの熔岩流下予測図・火砕流流下予測図・噴出岩塊落下域予測図なども添えられているものだ。

桜島を歩いていて目につくのは、言うまでもなく熔岩原だが、海岸を歩いてみると、避難港が目につき、この島が今も活発に活動している火山島であることを、いやでも思い知らされる。避難港はそれぞれ小規模なものだけれども、指定されている船が安全に着岸できるように造られている。その避難港のすぐ近くには、厚いコンクリートで覆われた退避舎がある。この建物に入って船の到着を待つことができるものである。

退避壕も各所にある。電話ボックスもコンクリートの厚い壁をまとっていて噴石の直撃を防ぐように造られ、危険度の高い地域では、家々の庭先にも簡易退避壕が設置されている。大きな岩石を受ければ破壊されるだろうが、小噴石が激しく落下しているときなどに、家にいたら火災になる可能性が大きいから、庭先のコンクリート壕でいっときをしのぐ。そして機をみて指定の避難場所へ移動することになるだろう。そこからリーダーの情報収集と判断に従って避難港の退避舎へ行き、船を待つ、というのがだいたいの避難手順になる。もちろん、現実には状況に応じての自主判断で、自分で自分を守らなければならないこともあるはずだ。

桜島には約三千世帯、七千人強の人びとが暮らしている。これだけの住民が全員無事に避難するには、よほどの的確な判断とリーダーシップが必要になる。二市一町のあいだの情報伝達も重要な要素だろう。さらにまた、大正噴火のときの鹿児島測候所がおかした誤りを繰り返さないために、気象庁と大学の火山観測体制の連絡も欠かせないであろう。

火山だから、ここに住むのをやめて別の土地へ移ろう、というわけにはいかない。だれにとっても、故郷の土地こそ、たとえ危険があっても愛する天地なのだ。

大きな噴石が近年、旅館に落ちて、さいわい死者も負傷者もなかったのだが、建物の一部をつぶしたことがある。いまも活動をつづけている桜島には、その危険はつねにつきまとっているのだ。そのために団体観光客の宿泊が減っているということを聞く。

火山灰が降りつもるための生活の不便もある。雪なら溶けるけれども火山灰は溶けてくれない。桜島でも、また鹿児島市内でも、火山灰の収集車が要る。人びとは決まった曜日に自分の家の庭などに降った火山灰を指定場所へ出し、収集車がそれを集めて行く。

だが、それでも故郷は故郷だ。なかにはいろんな事情で島を離れて行く人たちもいるのだが、桜島が無人島になることはありえない。桜島生まれの中年のタクシー運転手さんは、「人の住むところじゃないですよ」などと言いいながらも、桜島を離れて暮らす気は毛頭ない様子だった。

人びとがこの島に生活をつづけるかぎり、防災体制の整備充実は不可欠のことだ。ぼくなど素人の目には、現状でも、これなら安心だなと見えているけれども、科学・技術・行政の、より一層の努力が、これからの桜島をもっと安心して暮らせる島にしてくれるのではないだろうか。火口周辺部からは土石流がしばしば発生しているのだが、これを流路から溢れさせないで海へ流すための施設があらかた出来ていて、土石流監視のシステムが配備されている。そういう防災技術は今後ますます進歩することだろう。

## 5

ここでもう一度、大正噴火のときの避難状況に目を注いでおきたい。防災体制の整っていなかった時代の悲劇である。

『桜島爆発の日』に収められている避難体験記から、避難のときのいくつかの情景を抄録してみることにする。最初は「湯之部落避難記」から。

ここで余談になりますが、トラガメ〔助産婦〕が精魂をこめてとりあげた新しい生命は、誕生から約六時間後、着物にくるめられ持木(もちき)海岸から避難したのですが、人体優先の立場から荷物は禁止されたのは当然のことと推察されます。その新生命は単なる荷物と判断され、それは捨ててしまえ、と言われたそうです。あわてて、これは今朝生まれたばかりの赤ん坊ですとはねかえすと「本当か」それではと船頭が、おんぶしている赤ん坊にかぶせてある着物をはいで見ると、びっくりして叫びました。

「これは足が上で、頭が下じゃ、逆さになっちょいが」

笑うにも笑えない、狼狽ぶりを物語る語り草となっております。

この避難はまだ爆発前日のことで、なんとか島を脱出できた。だが爆発の起こった十二日になると、状況は極度に悪化していた。残された人びとのうち泳ぎに自信のある者たちが沖小島(おこがしま)をめざして泳いだ。しかし、沖小島までの二キロメートルの海は激しい引き潮で、しかも冬の海のことで水温が低い。「途中から引き返してきた二、三人と、漂流しているところを漁船に救助された一人だけを除いては、誰一人として沖小島に泳ぎついた人はありませんでした。彼等はすべて凍死して海底に沈み、遺体も一人としてあがっておりません」と言って、語り手は自分の覚えている彼等行方不明者十一人の名前と年齢を挙げている。

途中から桜島へ泳ぎ帰った人のうち、新五郎（三十二歳）と妹のスエマツ（二十五歳）の二人がいた。スエマツは妊娠八ヶ月の身重（みおも）だったという。

半時間も泳いだ頃、身重のスエマツは寒さの為少しずつ手足の感覚を失いかけていました。

その唇は、早くも土色に変っていて、「兄（アン）ちゃん、オラモーヤッセンド（私はもう駄目よ）兄（アン）ちゃんナ、一人で泳げ」

そんな妹に新五郎は、「キバレ、もう少しだ」と励ましました。しかしまだ沖小島までの道程の半分にも達していない。これから先がいよいよ向い潮が烈しくなるのです。

新五郎は、必死に泳ぎましたが、抵抗の大きいハンギリ［たらい］は、なかなか進みません。

スエマツは泳ぎながら桜島の陸（おか）を見ると、猛烈な噴煙の合間に、海岸近くの彼女の生まれ育った家がかすかに見えていました。

彼女は、この時無精（むしょう）に我家が恋しくなってきて、

「兄（アン）ちゃん、どうせ死ぬなら、せめて陸（おか）で死にたい」

とつぶやくように言うと、それを聞いた新五郎は、強く心を動かされました。

二人はそこで引き返す決心をした。新五郎は自分の越中フンドシを解いて、スエマツの手とハンギリを結びつけた。

そして彼女の耳もとで大声で叫びました。
「二人で一緒に、陸（おか）で死のう」
と、これを聞いたスエマツは、かすかにうなずいたのです。その頃、彼女の意識はすでに少しずつ遠くなっていたのですが……。

新五郎がハンギリを引いて泳ぐ。追い潮のおかげで、思ったより早く海岸に着いた。仮死状態のスエマツを近くの家へ運んで蘇生させ、その日の午後二人とも運よく、沖合を通りかかった汽船で救助された。スエマツは二ヶ月後に女児を出産、その後一男三女の母として七十歳の天寿を全（まっと）うしたという。

泳いで避難しようとして死んだ人たちは、ほかの集落にもいた。「持木部落避難記」にも、岬の鼻から沖小島をめざして泳いだ七人のうち二人が行方不明になったと語られている。東桜島村の村長たちも泳ぐほかなくなり、山下収入役と大山書記が殉職したことは、爆発記念碑に記されている通りである。大山書記の最期は、「東桜島避難記」のなかで、同じく役場書記であった人によって、つぎのように語られている。

ふと、気がつくと、噴煙がうす暗くけぶる海面に船影が見えた。確かに船だ。一瞬、わが眼を疑ったが、まちがいもなく船である。だれも乗っていない。

その船は私の方へ速い潮流にのってみるみるうちに近づいてきた。

無理をすることもなく、無心にふなべりをつかんでいた。一息ついて、船べりに足をかけてよじのぼった。これでよかった、安堵の胸を撫でおろし、更に私を喜ばしたのは、たくさんの着物と食糧が積んであったことである。喜ぶ間もなくはっと気がついたことは、私と少し離れて泳いでいた大山書記のことであった。

私より潮上の方向に三十メートル位、先を泳いでいたので、

「大山さーん、おまいも船に乗らないかー」

と大声で叫んだ。

「そいなら、こっちへ漕いでこーい」

と声が聞こえてきた。

ここではじめてこの船に櫓がついていないことがわかった。

「櫓がついていないから、こちらへ泳いでこいよー」

と私はまた叫んだ。

「櫓のない船に乗っても仕方がなーい、俺は戸柱(とばしら)へ泳ぎ渡るからー」

と声が返ってきた。

私は、大山書記を船に乗せようと船板をはいで、かいてみたが、時速六海里位はあるといわれる瀬戸海峡を逆行することは不可能であった。船は速い下り潮にのって江ノ島方向へ流されている模様であった。

私は、濡れた着物をぬぎ捨て、船にのっていた着物と着替えると運を天に任せた。大きな粒の砂と小さな軽石は、雨、あられのように降りそそぎ、どこまで行っても海は軽石でおおわれている。人の頭大の軽石がときに風に乗って、ドボーンと落下してくると、一瞬、肝がひやりとする。

## 6

船で避難できた人びとも、海を覆う軽石群で船足がにぶり、長い時間をかけてようやく対岸にたどりついていた。そのときの恐怖を語る体験記もいろいろあるのだが、それは割愛する。

いずれにせよ、大正噴火の際の桜島住民約二万一千人(東桜島村八三三一人、西桜島村一万三〇三七人)の避難は、なんの防災組織もなく、それぞれの地区、それぞれの家族、また個人が、情報も得られぬままに、恐怖と不安のなかで行なうほかはなかったのだ。

広範囲に熔岩流に覆われてしまった桜島へは、避難した人びとの全員が戻り住むことは不可能であった。家を焼かれ耕地を失って、帰るに帰れない人びとが、全島民の三分の二にのぼっていた。

桜島への帰還が不可能な住民の半ばは、鹿児島県内の諸地域や朝鮮半島など、県が指定した移住地へ行くしかなかった。指定移住地は、国有地のなかから選び出された十数ヶ所であった。東桜島村からは五一九戸・三三二五人、西桜島村からは三六四戸・二二九二人が、それらの土地へ移って行った。約五千六百人もの大移住であった。縁故をたよるなりして任意に移住した人びとを合わせると、およそ一万四千人が故郷の島を離れて行ったのだが、指定移住地へ行くしかなかった人びとは、政府から貸付けられた原野の開拓から始めなければならなかった。

指定移住地のなかには、種子島の三地区もあった。その大半はまだ道もついていない奥地だった。ある地区の移住者たちは炭焼きで生計を立てながら、畑の開墾をつづけた。種子島指定移住地へ入った元桜島住民約二千二百人の苦闘がつづいていった。

橋村健一者『桜島――この火山に生きる――』に、こんなふうに書かれている。

> 種子島移住地のうち、国上（くにがみ）の桜園（さくらぞの）への第一陣は大正三年四月十三日だった。西之表（にしのおもて）と国上との間の約十二キロメートルは里道があったが、桜園地区はさらにその道から二キロメートル山奥にはいったところで、道らしい道はなかった。しかし、生きていくた

めには道をつくり、山をきりひらいていく方法しかなかった。

移住して約一年後の大正四年五月には一戸当たりの平均開墾面積は七反歩(たんぶ)となった。貸し付けられた土地は、平均七反七畝歩(せぶ)だったから、移住後一年でその九七%を開墾したのである。まさに血と汗のにじんだ開墾は進められていった。

開墾して、すぐ作物が実るわけではないので、樹林のおいしげる土地を開墾するかたわら、伐採した雑木で製炭を行い、その木炭を売ったお金で、食料や日常用品を買うという方法がとられたが、そのためには、朝早く起きて夜遅くまで身を粉にして働かねばならなかった。

大正噴火から十年後に建てられたあの記念碑に、「平素勤倹産ヲ治メ、何時変災ニ遭(あう)モ路途ニ迷ハザル覚悟ナカルベカラズ」という文言が見えるのは、その背後に、移住地でのこういう辛苦があるわけだ。

室戸台風

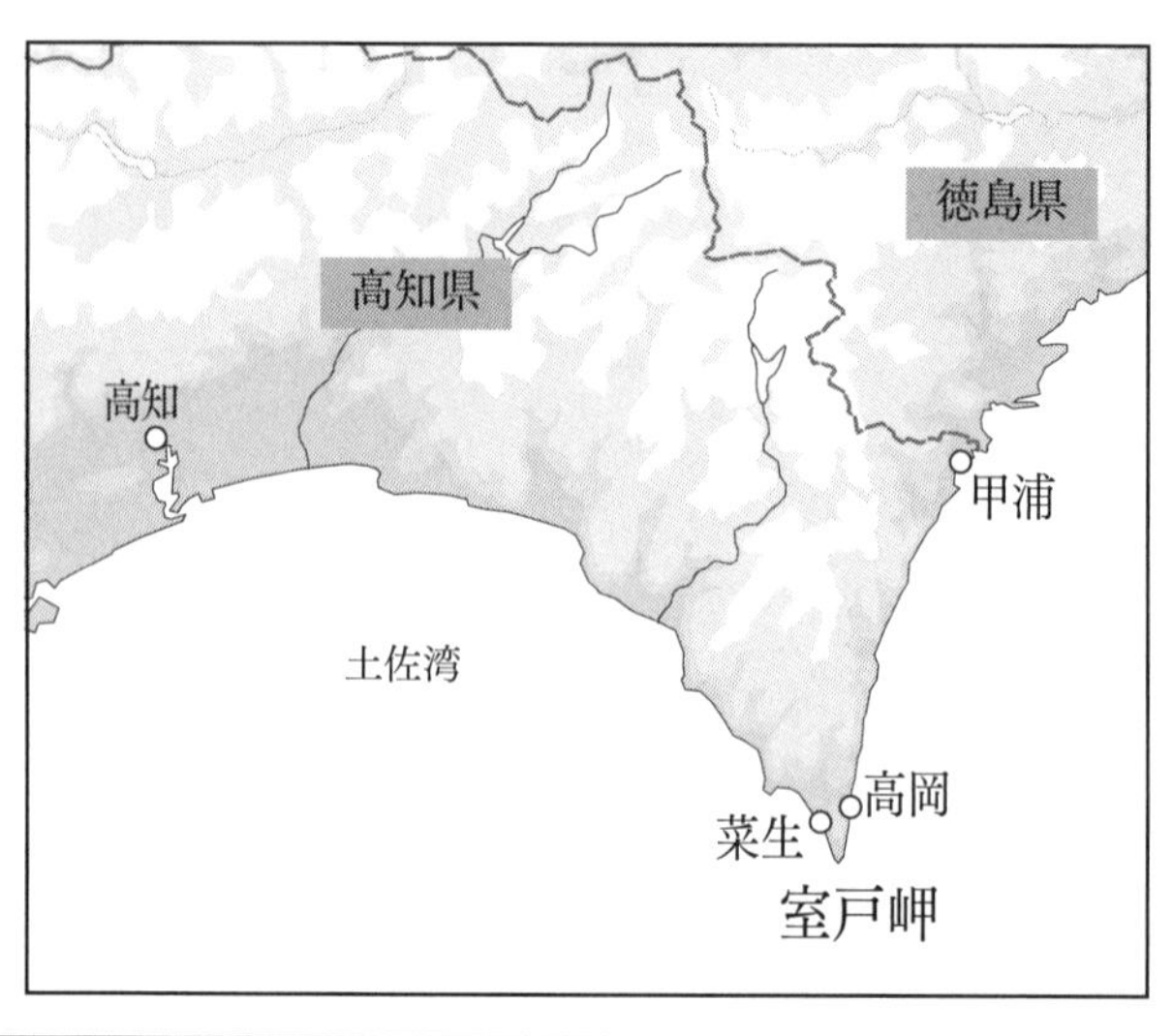
徳島県
高知県
高知
甲浦
土佐湾
高岡
菜生
室戸岬

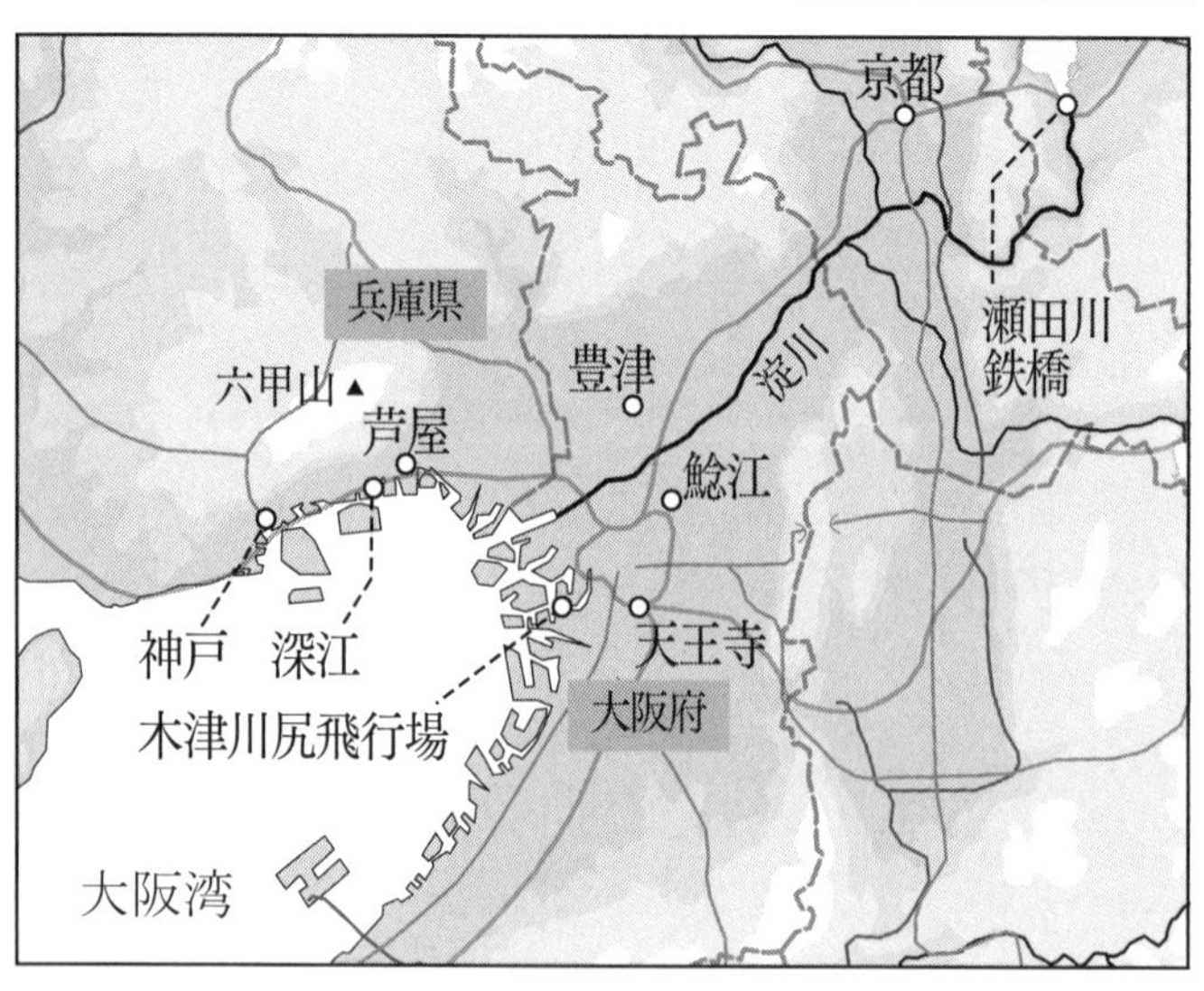
京都
兵庫県
瀬田川
鉄橋
淀川
豊津
六甲山
芦屋
鯰江
神戸
深江
天王寺
木津川尻飛行場
大阪府
大阪湾

# 1

大阪南港からのフェリーで夜明け前の甲浦港（かんのうら）に着き、バスで室戸岬へ向かった。岬に着くころには明るんではいたが、激しい雨と風だった。

――これが、室戸岬なんだな。

一九三四年（昭和九年）九月二十一日、室戸岬で記録された室戸台風の九一一・六ヘクトパスカルは、日本列島でのそれまでの最低気圧であった。世界でも稀れにみる低い気圧だ。この記録を超えたのは一九五九年（昭和三十四年）宮古島での九〇八・一ヘクトパスカルと、一九七七年（昭和五十二年）沖永良部島での九〇七・三ヘクトパスカルの二つしかない。

最大風速（十分間平均）の列島第一位も室戸岬である。一九六五年（昭和四十年）九月十日の室戸台風で、六九・八メートル／秒を記録している。一九六一年（昭和三十六年）九月十六日の第二室戸台風で記録された六六・七メートル／秒も第四位の記録となっている。

最大瞬間風速では、二位、五位、十四位、十六位の記録が、それぞれ室戸岬で記録された。第二室戸台風のときの八四・五メートル／秒以上というのが二位の記録だが、それはもしかしたら宮古島での八五・三メートル／秒を上廻っていたかも知れない。当時の風速計の計測能力を超えるものだったのだ。

室戸岬は「台風銀座」と呼ばれてきた。近年は室戸岬を直撃する台風は少なくなって、東側にそれたり西側にそれたりすることが多いということだが、それでも強い風はよく吹くところだ。

「初めてのお客さんは、台風ですかと聞きますよ」

昼食をとった食堂で、地元の人たちがそう話してくれた。

「三十メートルくらい吹くのはざらです」

そう口々に言う。どこか得意気な口調だ。自転車を漕いでいると向い風で自転車がとまってしまうとか、バイクで走ると道路の左から右へ、右から左へ、風に押されて蛇行してしまうとか、楽しげに話してくれる。室戸の者は三十メートルや四十メートルの風で外出をやめるなんてことはないですよ。

強風に慣れている人びとなのだ。ときには激烈な台風で被害をこうむることもあるのだが、風をこわがってはいない。風を憎んでもいない。風を誇りにさえしている人びとだ。まるで郷土名産を自慢するように風の強さを語る人たちであった。

## 2

室戸岬測候所を訪ね、所長さんにお会いして、最新の観測機器などを見せてもらった。種々のハイテク機器があるのだが、風速計で言えば第二室戸台風以後は九〇メートル／秒までの風速が計測できるようになっている。

それらの機器に感心したり、所長さんの言われる総合防災計画の必要性にうなずいたりしたあとに、所長さんから室戸岬の高岡地区の家々を見ることをすすめられた。そこは風の通り道にあたっていて、とりわけ強い風に襲われる地区だとのことで、そのため昔から防風を第一にした家の造り方がなされているとのことだった。

行ってみて、びっくりした。どの家も高く積み上げた石垣か、高くぶあついコンクリート防壁で囲まれ、道路からは家の屋根も見えない。石垣やコンクリート防壁の一部分が切ってあり、そこから出入りするという構造になっている。

石垣も、なみの石垣ではない。底部の厚さは二メートルを超えているのではないだろうか。まるで城壁である。案内してくれたタクシー運転手さんが、風が通らないから夏は暑くて大変ですよと言っていたけれども、一軒一軒が小型の城のようなこんな家なら、どんな台風にも負けないだろう。志摩半島の大王崎(だいおうさき)では屋根に大きな石を並べ、石を太いワイヤーでがっちりと固定している家々を見て、その防風対策に目を見張ったものだったが、室戸岬のこれらの家々は、それどころではない。「要塞」と呼びたいくらいの防風住居なのだ。

いくらか近いのが、沖縄の八重山諸島などで見る家々だ。ぼくが見たことのあるのは石垣島と竹富(たけとみ)島の石垣住居だが、室戸岬の石垣住居はそれ以上だ。

石垣島も「台風銀座」と呼ばれてきた島で、その島名にもみられるように、かつては石垣で囲った防風住居が多かった。

気象学者大谷東平の『台風の話』という本に、つぎのような記述がある。

昭和十五年七月には、琉球の石垣島付近が二回、沖縄付近が二回台風に襲われた。いずれも風速は三〇メートル前後であった。一ヵ月に四回もの台風が襲来することはいくら琉球でも珍しい方ではあるが、この地方が毎年一回や二回の台風に襲われ、そのたびに三〇メートル前後の烈風に見舞われるのは、あたりまえのことになっているといってよい。こんな状態だから琉球に住む人々の生活には暴風雨にたいする心構えが、常にできているのである。

なお、この本（一九五五年刊）の書かれた時代、風速は二十分間平均で示されていた。現在の計測法の十分間平均で測ったとしたら、おそらくはるかに大きな数値になっている。いま風速三〇メートルと聞いてもたいして驚かないけれども、かつての風速三〇メートルというのは大変な風であった。右の記述につづいて、石垣島などの防風住居の詳細が説明されている。

その具体的なあらわれの一つとして琉球の古来の住宅建築の模様を紹介してみよう。先ず家の四周を囲む垣は全部石造である。その高さは大体軒先と同じ位である。烈風が吹いて来たときに、この石垣がつとめる防風の役目はなかなか大きいといわねばならぬ。屋根は草ぶきもあるが、瓦ぶきが相当多く、瓦は一枚一枚漆喰(しっくい)で固めてある。したがって二〇メートルや三〇メートルの風ではなかなか飛ばない。大体二階造りというものはほとんど見当たらず、暑い所であるのに平屋造りばかりというのも風のことを考慮しているからであろう。家の中に入ってみると、柱の太いことは内地の比ではなく、しかも柱は必ず一間(いっけん)に一本ずつある。内地の建物のように柱の間が二間、三間というようなものは全然なく、廊下でも窓でも必ず一間毎に柱がある。雨戸は柱の外側を通すことに変りはないが、敷居も鴨居も溝が深い。これは暴風で雨戸がたわんでも、たやすく抜けなくするためである。暴風のときには、雨戸を全部しめて、柱と柱の間にかんぬきを入れて戸をささえる。かんぬきは平常は廊下の上に置いてあるところが多い。このくらい用心してあるから、三〇メートルくらいの烈風が吹いても、雨戸一枚とられるようなことはないし、瓦すらほとんど飛ばずにすんでしまう。

大谷東平はこのあとに、風速三〇メートルの風がどんなものかということを、実例を挙げて示している。東京に風速三〇メートルの台風が来た日、勤めていた中央気象台の庁舎も屋根瓦が飛びガラス窓が吹き抜かれ、「惨憺(さんたん)たるもの」であったという。知人の建築家が建てていた自宅の建物は、工事現場の人が柱と屋根を固定するかすがいを止め忘れていたため、屋根がまるごと百数十メートルも先まで飛ばされたという話だ。それが風速三〇メートルの風だが、琉球の家々はそのくらいの風ではびくともしないのだ。

個々の住居の防災構造だけでなく、地域全体の防災構造が被害を避けるのに役立った例として、大谷東平は室戸台風のときの例を挙げている。江戸時代初期の十七世紀に土佐藩家老の野中兼山が築いた大防潮堤が、室戸台風のときにいかに役立ったか。そのことを、こんなふうに記している。

昭和九年九月、関西を襲った室戸台風は、先ず四国の室戸岬の北方に上陸し、その際室戸岬測候所で九一二ミリバール〔ヘクトパスカル〕という、世界最深の気圧を記録した。勿論その暴風雨も、まことに凄惨を極めたものであった。当時巨浪と高潮が押しよせた室戸岬町の中町は、兼山が築いた土手のため全く被害がなかった。また、その北方の室戸町でも、兼山の残した海面上四〇尺〔約一二メートル〕の土手を、遂に波頭が乗り越しはしたが、波の大部分は土手が食いとめてくれたのでやはり被害はなかった。これに対し、堤防のない樽石、菜生(なばえ)等の部落は、波のため大被害をうけたのであった。

今日見ると、兼山の土手は、松など生いしげり、一見砂丘と見誤るほど雄大なものである。二五〇年後の、文化が格段に進んだ時代にあって、なお泰然として多くの人命を守ったこの堤防も、兼山の行った事業の全体から見れば、数十分の一にしか過ぎぬ事に思い当ると、全く頭が下る思いがするのであった。

野中兼山の晩年は不幸であった。独断専行のそしりを受けて失脚し、小さな隠居所に独居してその年のうちに血を吐いて死んだ。二十八年間執政として腕をふるったあとの、四十九歳での失意の死であった。大原富枝の『婉という女』に描かれているように、兼山の死後、野中家は取り潰され、子女八人が宿毛に配流幽閉された。だが、その男の残した波どめ堤防が、はるか後年、巨大台風の波と高潮を受け止めたのであった。

# 3

昭和九年秋の室戸台風は、室戸岬に上陸したあと、関西地方を直撃した。猛烈な風と高潮が人びとの命を奪い生活を崩壊させた。ぼくはそのときまだ数えの三つ（満二歳一ヶ月）なので記憶の残っているはずはないと思うのだが、当時住んでいた京都の家で恐怖にふるえたかすかな記憶がある。あとで父母から聞いたことかも知れないが、玄関の戸が風にしなるのを見ていたような気がする。台風が過ぎたあとの町に、看板などが散乱していた光景もセピア色のおぼろな記憶となって残っている。

室戸台風の概略は、これも『台風の話』から大谷東平の記述を借りることにする。

最低気圧九一二ミリバールという未だ世界にその例を見ぬような猛台風が、四国の室戸岬付近に上陸したのは九月二十一日の午前四時、これから僅か四時間にしてその中心は阪神の中間深江村付近から近畿地方に上陸し、午前八時にははや大阪の北まできていた。このために大阪湾は西風が五〇メートル内外に及び、これから約一〇分後には平水上約四メートルの高潮の襲来をみた。当時大阪木津川尻飛行場の気象観測所に当直していた金家氏は、刻々に増水する濁水に胸まで浸りながら潮位と風速を五分間ごとに測定して貴重なる記録を残し、よく観測者の使命を果たした。これにより当時の最大風速は二〇分間平均で四八・四メートル、五分間平均で五六・二メートルに達し、高潮は平均海面上四・五八メートルなることが明らかとなった。同氏の観測によると、午前八時八分飛行場の南方から浸入しはじめた潮は秒速約四メートルの速さで北方に進み、同十五分には観測所の室内に充満し十八分には最高水位に達した。飛行場に水が上がりはじめてから僅かに一〇分間である。このように高潮は急激に襲来したから、付近の住民は逃げる暇もなく、あるいは二階に駈け上がり、あるいは家財道具を足場として天井を破り、屋根の上に逃れるという状況であった。

この台風の被害は到底正確な算出ができぬほど大きく、被害は一都二府三八県に及び、死二、九〇〇、不明二〇〇、傷一五、〇〇〇、住家の全潰一四、〇〇〇、半潰二八、六〇〇、流失二、六〇〇、床上浸水二〇〇、〇〇〇、床下浸水一三三、〇〇〇、非住家の全潰二六、〇〇〇、半潰二四、〇〇〇、流失二、七〇〇という莫大な数字を示し損害の総額は八億円以上という。

その日のうちに出た東京朝日新聞の号外は、大阪の電車車庫の惨状と、瀬田川鉄橋の上で横倒しになっている急行列車と、大阪の天王寺の被害状況と、合わせて三枚の写真をのせている。あとの二点は飛行機からの写真だ。瀬田川鉄橋上には列車八両が横転し、天王寺境内には倒壊した五重塔と仁王門の残骸が散乱している。

号外の記事部分の見出しのいくつかを拾ってみると、次のようである。

死傷者約二千名　惨澹たる大阪府
電線到る処切断し三都は暗黒街！
京都の映画街全滅　軒なみに倒壊
外島療養院の患者四百余名溺死か

風雨のなかを登校した小学校の生徒たちが倒壊校舎の下敷きになった例もある。大阪市立鯰江第二尋常小学校では、校舎全壊による死者二十四名、重軽傷者百名という大きな被害を受けている。五十年後に編まれた追悼集によると、校舎倒壊後に高潮が白波を立てて襲って来たという。その波でストップしたトラックに幸い軍隊が乗っていた。兵士たちがトラックから飛びおりて倒壊校舎からの被災者救出をしてくれた。だが、教え子三人を抱いて死んだ教師をふくめて計二十四人はすでに絶命していたという。登校途中に大怪我をした生徒もあり、「詳細は今ではわからないが、多数の被災者があって、後日、学校がはじまっても欠席する児童は、低学年ではとても多かった」と回想されている。

大阪府の小学校全体では、校舎全壊が二二二校、半壊が九八校、一部倒壊が四五校。教師死者一八名、生徒児童死者六七六名、負傷者約二六〇〇名。災害時には学校が避難所とされることが多いけれども、室戸台風の烈風は学校校舎をもなぎ倒したのだった。台風が関西地方を襲ったのがちょうど登校時間の前後だったことも不運だった。

豊津第一小学校では二階建ての新校舎が倒れた。激しい風雨のなかで村民が必死に子供たちを救い出して病院へ運んだが、教師二名、児童五一名は不帰の人となった。五十回忌追悼法要のときに編まれた文集に、当時救出作業にあたった人のこんな回想が綴られている。

負傷者百数名、死者五十三名という大惨事でした。又忘れてならないのは吉岡先生です。吉岡先生が亡くなった場所は私達の持ち場ではなかったのですが、掘り出したその現状を見せてもらい、その姿のあまりにも尊い先生の姿を拝する事が出来ました。総勢六人の子供を抱き伏せに死んでおりました。その中で胴体にしがみ着いていた四人は奇跡的に助かり後の二人は死んでおりました。次から次へと子供の遺体を運び出し、元の講堂へ並べた時は、いったい何人亡くなっているか想像がつきませんでした。子供を引き取りに来た親達が我が子に取りすがり泣く哀れな姿に誰れ一人として涙が出ぬ人はありませんでした。

これらは被災の悲劇の一端にすぎない。三千人を超える死者・行方不明者を出した室戸台風であった。関西を中心に幾多の悲劇がみられた日であった。

## 4

一九六一年(昭和三十六年)九月の第二室戸台風は、その命名に明らかなように、かつての室戸台風と酷似した台風で、室戸岬へ上陸後、その二年前の伊勢湾台風なみの勢力で大阪湾に高潮を引き起こしながら大阪付近を通過した。

しかし、第二室戸台風では、死者・行方不明者の数は、室戸台風のときの七パーセント弱、二〇二名にとどまっている。もちろん二〇二名の方々の一人ひとりの生命は重いけれども、台風の規模とコースからみて、これは驚くばかりに少ない被害であった。

台風の接近中、気象関係者たちは不吉な予感におびえたという。どうみても最少でも死者千人を超えると思われる台風であった。だが、その被害を極度に小さなものにできたのは、適切な情報の伝達と、その情報にもとづく対策であった。

室戸台風から第二室戸台風までの二十七年間に、気象レーダー網の完備などにより予報技術の格段の向上があったのだが、その気象台台風情報を各関係機関が適切に流したこと、これが被害を小さくできた最大の原因であった。各ラジオ・テレビ局が九月十五日夜は徹夜で台風情報を流し、翌十六日もできるかぎり台風情報の放送をつづけた。学校はあらかじめ休校措置をとり、鉄道は早めの運転中止措置をとった。海岸や川岸近い住民には避難命令が出され、台風最盛期前に約三十万人が避難している。

情報というものが災害の被害をいかに少なくするものであるかを実証したのが、第二室戸台風だった。

昨年（一九九五年）の阪神大震災のあと、政府は災害時の報道規制を言い出している。とりわけテレビや新聞のヘリコプター取材を制限する意向のようだが、ぼくは、それは考え直してほしいと思う。災害時には、情報は多ければ多いほどいいのだ。

地上で死に瀕している多くの人びとがいるというのに、それを空から撮影し、その映像を安全地帯にいる人びとが茶の間で高見の見物をするのは許せない、という感情論がある。被災者自身はそんなテレビを見ることさえできないのだから、ヘリコプターでの空撮などやめてほしい、という意見もある。その気持ちは分かる。しかし、それでも、ここではいちいちの情況については言わないが、情報は多いほどいいのだ。政府機関による情報も大切だけれども、民間の報道機関による多様な情報もまた、災害時には必要であり、大きくみればそれらが災害の規模の縮小や、災害からの復興に役立ってゆく。

室戸台風のときにも、新聞社の果たした役割は大きかった。大阪市が室戸台風の翌年に発行した『大阪市風水害誌』には、「新聞社の活動」という章が設けられていて、七十二ページにもわたって、在阪新聞社各社（なかでも大阪朝日と大阪毎日の二社）の活動が詳細に記録されている。この章の冒頭に掲げられている概説に、こう書かれている（用字用語の古めかしいところを少々書き改めた）。

今回の関西風水害に際しても通信機関の杜絶と交通機関の故障とに当面して、何人も肉親の安否、友人知己の身辺を気づかい、不安の胸をおどらす時に当たり、待ち焦れた第一報をもたらして、国の内外に確実詳細な消息［情報］を伝えたのは新聞紙であった。また一瞬にして家財をさらわれ、食糧を失って恐怖と飢餓と病魔におののく罹災者に、時を移さず救いの手の伸びたのも、新聞記者諸君が家を忘れ身を忘れて危険区域に出入し、あらゆる苦難と闘いつつ、いちはやく全国にその惨状を紹介したためであった。しかも罹災後旬日を出でずに莫大な同情金が、四方から潮のごとく聚落（しゅうらく）したのは、各新聞社が率先して義金募集の義挙に先んじたのと、かつは国民一般が新聞紙の燃ゆるごとき熱情的記事に刺激せられた結果であり、慰問と同情金品の配給が迅速かつ周到に、遺漏なく罹災者間に行き渡ったのは、各新聞社がその頒布網を利用して、第一線に活躍したためにほかならなかったのである。それは今日に始まったわけではないが、とりわけ今次の各新聞社のめまぐるしい活動と大わらわな献身的努力とは、実に非常抜群であって、その輝かしい功績は本誌中特筆大書すべきものがある。

それぞれの活動が記載されているのは、大阪朝日新聞社、大阪毎日新聞社を筆頭として、東京時事新報社大阪支局、報知新聞社大阪支局、大阪時事新報社、夕刊大阪新聞社、関西中央新聞社、大阪中外商業新報社、日刊工業新聞社、大阪朝報社、名古屋新聞社大阪支局、福岡日日新聞社大阪連絡部、大阪電報通信社、といった各新聞社ないしは支局である。

もしも災害時の緊急措置として政府による報道規制が行なわれ、情報の政府への一元集中化と政府による情報操作が行なわれるとしたら、これらマスコミの情報収集と情報伝達が全く行なわれなくなる。それは大変こわい世の中なのではないか。たとえ心ないテレビリポーターが被災者の気持ちを逆なですることがあろうとも、ぼくは、災害のときこそあらゆる報道の自由な活動を認めることが大事だと思う。そこにあいまいな感情論を許し、結果として権力による情報管理をもたらしてしまっては、ほんとに元も子もないことになるだろう。

## 5

室戸台風のあとに兵庫県が発行した災害誌がある。そのなかでぼくの目を惹いたのが、「災害に際し利用せられたる救荒植物 竝（ならびに） 代用食物」という章だ。

ぼくは今でも山に入ってリョウブの木を見かけると、胸をえぐられる気持ちになる。半世紀前、敗戦後の一年か二年、ぼくはよく山へ行ってリョウブの若葉を摘んでいた。ほとんど食べる物のなかったあの頃、どこから伝わってきたのか救荒食物の一種としてリョウブの葉を知ったのだった。江戸時代の飢饉のときなどに、山に入ってリョウブの葉を摘みとり、それをわずかの米にまぜて炊いて、すするように食べて飢えをしのいだのだという。戦争という大災害にやられたぼくたちは、その知恵にまなんで生きのびるしかなかった。

室戸台風のあとにも、救荒植(食)物が利用されていたことを、ぼくはこの資料に見かけて、びっくりもしたけれども、なるほどと納得もしたことだった。人は食べるものがなくなれば、山へ行って臨時応急のたべものを入手してくるものなのだ。資料の前文にこんなことが書かれている。

……今次の風水害によりて全く一時交通杜絶し貯蔵の米殻も雨水或は河水の氾濫によりて食用にたえ得ざるに到り、糧食欠乏せるため往昔来(おうじやくらい)の慣習たる各種の植物食用を当然、より以上に使用して応急の食用に充(あ)て一時の危難より脱するとともに風水害により耕作物の多くを失いたるため来るべき冬期糧食の欠乏をも補足するを得たり。(中略)依(よ)って今後不幸にして此種或は非常時に再会せんか、あに、つとに僻地のみならず何人も米麦以外の糧食につきて関心を持つの要あらんを思ひ、美方(みかた)郡射添(いそう)村に於て当時調査発表せる実際に効用ありし救荒植物の調査を参考として付記するも徒爾(とじ)ならざるべし。

右のように言って、そのあとに、但馬地方での救荒植物とその調理法を箇条書きにしている。栗飯、粟餅、栗粥、蕎麦団子、はご餅、はご団子、よもぎ餅、葛餅、葛団子、大根飯、稗飯、わらび飯、里芋のぼた餅、ずいき飯、さつまいも飯などと共に、りょうぶ飯も出ている。

その説明によると、ふつうはリョウブ二、米八の割合だが、混合率は随意である、となっている。戦後ぼくたちの食べたリョウブめしは、リョウブ九、米一よりもさらに米の少ないものだった。

但馬地方の山ふかくに位置するこの村(射添村)では、水田はごくわずかしかなく焼畑と炭焼きが生活を支え、昔から雑穀混合食や代用食が多かったのだが、室戸台風のあと、その割合を高め、危急を乗り越えたということだ。また、この村にかぎらず但馬の山村には郷倉という籾や麦の共同貯蔵所が昔から飢饉に備えて建てられていたのも、室戸台風後の食糧不足を補ってくれることになった。

いまの日本でなら、ヘリコプターによる食糧投下が行なわれるにちがいないけれども、それも悪天候がつづいたら不可能だ。ほんとうに食べるものがなくなったとき、ぼくたちを最後に救ってくれるのは山野のめぐみであり、それらを食用にするための先祖の知恵である。台風や地震といった自然災害に備えるだけでなく、ひょっとするとぼくたちは地球人口の急激な増大による食糧危機に備えなくてはならないのかも知れない。山野に自生する植物の食べ方は、忘れられてはならない生存の知恵なのではなかろうか。危機の際、口をあけているだけでは食べものは口に入らない。

## 6

谷崎潤一郎の『細雪』に、室戸台風のことに触れているところがある。
次女幸子（さちこ）が東京に住んでいる姉一家のところへ出かけたとき、そこで台風に見舞われて恐怖の数時間を過ごすのだが、そのとき思い出されたのが室戸台風で、こんなふうに描かれている。

風の害の少い関西に育った幸子は、そんな凄（すさま）じい風もあるものだと云うことを知らなかったので、そのためになお驚きが大きかったのでもあろう。尤（もっと）も、四五年前、昭和九年の秋であったか、大阪の天王寺の塔が倒れ、京都の東山が裸にされた時の烈風〔室戸台風〕は彼女も知っており、二三十分ほど恐いと思った覚えもあるけれども、でもあの時は、芦屋辺は大したことはなかったので、天王寺の塔が倒れたことを新聞で読んで、それほどひどい風だつたのかと意外に感じたくらいであり、勿論今度東京で経験したのとは、比べられるようなものではなかった。実を云うと、あの時の記憶があったので、あの程度の風でも五重塔が倒れたのだから、とてもこの風ではこの家が保（も）つまいと云う気がして、恐怖が倍加されたのであった。

昭和十三年九月一日に東京を襲った台風のことである。室戸台風を思い出してはいるが、芦屋ではそれほどの風ではなかったという。それよりも、芦屋一帯は同じ年の七月、大水害に見舞われていて、『細雪』には六甲連山の山津波と河川氾濫が起こった七月五日の模様がことこまかく記されている。被災生徒の作文なども参考にしながら谷崎潤一郎がこの災害の一日を描き出したもので、文庫版で五十数ページにわたって克明に描写されている。『細雪』という長編小説にはいくつかの名場面があるけれども、ぼくはこの水害の場面の緊迫した記述がもっとも優れていると思う。阪神間に死者九百人を超える大被害をもたらしたこの日のことを、作者はこんなふうに書き出している。

その舞の会があってから、ちょうど一箇月目の七月五日の朝の事であった。

いったい今年は五月時分から例年よりも降雨量が多く、入梅になってからはずっと降り続けていて、七月に這入(はい)ってからも、三日に又しても降り始めて四日も終日降り暮していたのであるが、五日の明け方からは俄に沛然(はいぜん)たる豪雨となっていつ止むとも見えぬ気色(けしき)であった。が、それが一二時間の後に、阪神間にあの記録的な悲惨事を齎(もたら)した大水害を起そうとは誰にも考え及ばなかったので、芦屋の家でも、七時前後には先ず悦子が、いつものようにお春に付き添われながら、尤(もっと)も雨の身拵(みごしら)えだけは十分にしたことだけれども、大して気にも留めないで土砂降りの中を学校へ出かけて行った。

それからまもなく大水害が発生する。芦屋川や住吉川など六甲山系の川の上流で山崩れが相ついだ。土石流が両岸の家々を押し流して走り、下流の住宅地では川から氾濫した濁流が一帯を海に変えて渦巻いた。悦子の父の貞之助が、濁流の海になった町を渡って悦子を迎えに出てゆく。

神戸での降雨量が、三日には六〇ミリ、四日には一三二ミリで、すでに地盤は雨を吸収できなくなっていた。そこへ五日朝から昼過ぎまでに二七〇ミリの豪雨が加わったのだった。六甲山系の山間部ではさらに多くの雨が降った。山津波は山々から巨岩を流し土砂を流した。

水害の悲惨な模様がいろいろ伝わってくる。貞之助はようやくのことで悦子を小学校から家へ連れて帰るのだが、幸子の妹の妙子が洋裁学校から帰ってこない。幸子は絶望的な気分になっている。しかし貞之助は、かつて関東大震災の時に東京に居合わせた経験があり、「こう云う場合の風説が如何に針小棒大に伝播するものであるかを知っていたので、その例を引いたりして」妙子の安否を心配する幸子をなだめ、ふたたび水害の町へと妙子を探しに出かけて行く。

混乱し錯綜するあいまいな情報のなかで、どれが正しい情報なのかを見分けることは極めてむつかしい。そんなときに、貞之助の示している冷静な判断と行動が、結局、家族を守り切っている。『細雪』全巻のなかでも、とりわけみごとな五十数ページである。

下北ヤマセ冷害

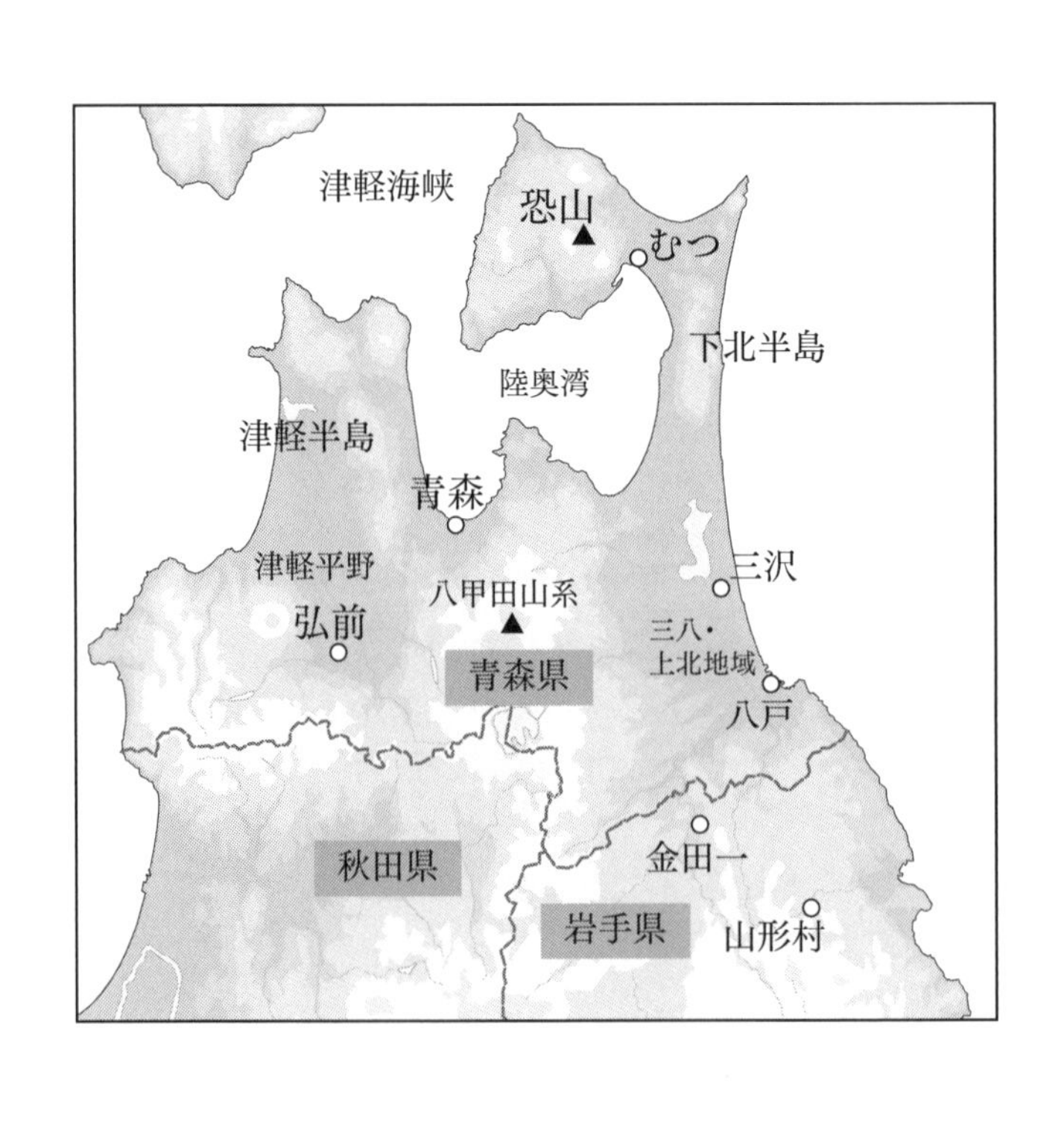
津軽海峡
恐山
むつ
下北半島
陸奥湾
津軽半島
青森
津軽平野
三沢
八甲田山系
弘前
三八・
上北地域
青森県
八戸
金田一
秋田県
岩手県
山形村

# 1

ストーブの焚いてある恐山(おそれざん)宿坊の食堂で精進料理の朝食をすませ、外に出た。曇天が低くたれこめ、霧雨が流れている。下北(しもきた)半島は気温が低いかも知れないと思って長袖のやや厚手のシャツを着てきたのだが、そのくらいでは間に合わなかった。長袖シャツの下にTシャツを重ね着したけれども、まだ寒い。セーターを持ってくるのだった。

夏である。七月八日だ。前日恐山に着いたときからずっと寒い。夜は寒くて何度も目がさめた。むつ市内へ降りてゆくタクシーは流れる霧の中だ。市街地も低い曇り空に押しつぶされるようにして、こぬか雨に降りこめられていた。

七月八日午前十一時近く、訪ねたむつ測候所の計器は、気温一三・二度、風速二・七メートルを表示していた。

「今日はヤマセですか」

半信半疑でそう訊いてみたら、れっきとしたヤマセであるとの返事だった。

——そうか、これがヤマセか。

ヤマセについては本などで読んでいたけれども、どこかつかみどころがなかった。この日初めてその感覚が分かった。冬の寒さとは別種の寒さだ。夏のなかに忍び込んでくる冷暗なのだ。

六月から八月にかけてオホーツク海の高気圧が発達すると、下北半島から三陸沿岸にかけて北東からの湿って冷たい風が吹き込んでくる。風速は弱い。せいぜい四、五メートルの風が流れて来て、ゆっくりと地上を動いてゆく。低層雲があたりを覆って太陽光をさえぎり、こまかな霧雨を絶え間なく降らせる。動きが遅いので数日間そんな状態がつづく。

ヤマセは低く流れる。山があればそこで止まる。奥羽山脈から日本海側へはほとんど流れない。だが、下北半島を吹走(すいそう)してゆくヤマセは、ときに海を渡って津軽半島にも流れ込む。

なかでも下北半島がヤマセ常襲地帯である。下北の夏は暗く寒い日が多い。そのため下北半島では平地に高山植物が見られるのだ。冬はもちろん寒いのだが、ヤマセのもたらす夏の低温が、高山植物の生育に適している。信州あたりの高い山々で登山者の目をよろこばせるワタスゲやコケモモの群落が、下北半島では平地で見られるのだ。そういう土地に稲作はもともと向いていなかった。稲は元来、熱帯性の植物である。高山植物の育っている大地に稲を育てるのは無謀な話だ。

## 2

一九九三年、コメの作況指数(平年作＝100)が全国平均で74となった。戦後最低の不作で、政府は海外からコメを緊急輸入して急場をしのいだ。

この年、作況指数が最も低かったのが青森県だった。作況指教わずかに28。だが、指数28というのは青森県全体の平均値であって、下北地域では0、南部地域でも1だった（津軽地域は45）。ヤマセによる低温と日照不足が稲作を壊滅させたのだった。

青森地方気象台の「青森県農業気象速報」から、一九九三年六月上旬〜九月上旬の気象概況を抜き書きしてみよう。

六月上旬　冷たい北東気流が入り、特に津軽半島の北部や下北及び三八・上北地方は低温と日照不足が続いた。四日、低温注意報発表。

六月中旬　天気は周期的に変化したが、その後はオホーツク海高気圧の勢力が強まり、ヤマセ気味の天気となった。

六月下旬　下北や太平洋側で雲が多く、気温が低い状態と日照不足が続いた。三十日、下北と三八・上北地方に低温注意報。

七月上旬　帯状高気圧に覆われる日が多く、晴れる日が多かった。

七月中旬　連日冷たい東よりの風（ヤマセ）が吹き付けた。十五日、低温注意報。

七月下旬　ヤマセが続き、低温と日照不足となった。低温注意報継続。

八月上旬　各地とも平均気温が記録的に低かった。八戸で一五・九度、むつで一六度、青森で一八・八度。

八月中旬　東北全域で梅雨が明けたが、低温と日照不足が続いた。
八月下旬　前半は山岳地帯を中心に大雨。後半は好天、県内各地で真夏日。
九月上旬　台風が秋雨前線を刺激して、八甲田山系を中心に大雨。

この年は全国で長梅雨・低温となったのだが、オホーツク海高気圧の張り出しが強く、東北地方北部の太平洋側と津軽地方北部とに、強いヤマセが多くの日数吹きつけていた。ヤマセ日数は一九九三年夏季に六十四日にもなっている。ヤマセ最盛期の七月中旬から八月上旬にかけては三十一日間連続してヤマセが吹走していた。

ヤマセは上空を吹く風ではなく地上を流れる風だから、ほんのちょっとした地形の違いで、しょっちゅうヤマセに襲われる土地もあり、あまりヤマセの吹かない土地もあるのだが、この年のヤマセはいつもの年より広域に吹走し、勢力が強いため山間部深くにも入り、一部は山越えもしている。一九九三年の凶作には、ヤマセだけでなく長梅雨も、また数多くやってきた台風の影響もある。しかし、なんといっても強い、長いヤマセが、東北地方の稲作をどん底へ落としたのだった。

# 3

むつ市の下北農協を訪ねて、九三年冷害の話を聞いた。

「作況指教ゼロ。大変だったでしょう」

いまは農業だけで生計を立てている家はほとんどない時代だから、稲作収入がゼロになっても農業以外の収入がなんとか暮らしを支えるようになってはいる。そのことは承知しているけれども、しかし作況指教ゼロ、つまり稲が一粒もみのらなかったというのは、農家の人たちの心を引き裂く大打撃だったのではないだろうか。そう思って遠慮しながら、「作況指教ゼロ」を口にしたのだ。ところが、返ってきたのは、意外な答だった。

「いや、大変だったのは五十五年ですよ」

昭和五十五年、すなわち一九八〇年も、下北地方は作況指教ゼロだったという。そのときの衝撃は大きかった。文字通り茫然として、立ち上がる気力を失ったという話だ。

下北地方はもともと、三年に一度どころか二年に一度は凶作と言われてきた稲作不適地域だったが、昭和四十年前後(一九六〇年代半ば)に新田開発が進められ、水田が大幅に増えた。さいわい昭和四十二年、四十三年は天候がよく大豊作となった。コメの消費地から生産地になったと大喜びだったという。しかしそれも長くは続かなかった。まもなく政府の減反政策が始まったのも痛手だったが、ヤマセによる冷害がなによりの問題だった。

さまざまな努力が重ねられた。ヤマセに強い稲を作り出し、苗の育成法も改善した。水管理の研究もした。よし、これで寒冷地稲作が確立した、と思った。その矢先の作況指教ゼロだった。

昭和五十五年、下北の稲作はヤマセに惨敗した。

「もうこれで大丈夫と自信を持っていましたからね、それが青立ちの田んぼですから、そりゃもうパニックでした」

それから十三年を経て、一九九三年ふたたびのゼロ指数だった。だが、今度は前のときのようなショックはなかった。

下北の農業は稲作の占める割合を大きく減らしていた。水田面積は昭和五十五年の四分の一になっていた。前回の大凶作で農業をやめた家もあったし、政府の減反政策によって減っていった分もあったが、それ以上に、ヤマセ常襲地帯である下北の農家が稲作以外の寒冷地型作物へ転じてきたことが、稲作面積を少なくしていた。コメの作況指数がゼロになっても、かつてのようなパニックには襲われなかったのだ。畑作物にしてもヤマセの影響を受けないわけではないが、その被害は稲作のように大きくはない。また、同じ畑作物であっても作物の種類や品種をよく選んで行けば、ヤマセ吹走の多い年でもなんとかしのげる見込みが立ってきている。

下北農協の「農協経営改善三ヶ年計画（平成七年度～平成九年度）」を見ると、地域農業振興の課題として、次のような目標が掲げられている。

農業を取り巻く情勢は産地間は勿論、国際間競争、更に歴史的とも言える「食管法の廃止」等の一大転換期を迎え、厳しさを増すなか、消費者ニーズの変化を迅速かつ的確に把握し、それに即応できる農家経営体の育成を推進すると共に、当下北の気象変動に耐え、そして寒冷地に適応・地域の特性を生かした「下北型農業」により、生産性の高い農家育成や農地・労働力の合理的利用などを通じ、より一層関係機関との連携により指導を強化し、体質の強い地域農業及び産地銘柄の確立により、農業振興を図らなければならない。

稲作すべてを放棄するのではないが、野菜、とりわけ長いも、じゃがいも、大根、にんにく等の根菜類の栽培を促進していこうというのだ。そのためには良い土づくりが大切である。有機農業を進めてゆくことで土を守ってゆくのが、これからの方向である。農業生産への意欲の低下傾向など難問は多いけれども、「下北型農業」という目標はすでに掲げられたのだから、ヤマセ冷害を克服する道へ一歩踏み出したと言ってよいのではないだろうか。

## 4

ヤマセ地域は稲作から脱却しなければならないと説く人は、これまでにもたくさんいた。防風林でヤマセを防ぐというのも必要なことではあるが、なによりも、ヤマセに弱い水田稲作から寒冷地適応型農業へ転換することが、根本からの解決になる。

ヤマセ地域ではコメにかぎらずリンゴなどの実取り農業は不安定だから、飼料自給度の高い畜産をめざそうという人もいる。しかし牧畜の場合も牧草がヤマセにやられる場合があり、そうなると飼料自給度は低くなってしまう。

実取り作物でも昔からヒエやソバはコメに比べてヤマセに強く、ヤマセ地域一帯でひろく作られていた。下北地方の水田も江戸時代から明治中期ぐらいまでは、その九割から八割が稗田（ひえだ）だった。明治末には水田の七割で稲作を行なうようになるが、大正二年（一九一三年）の大凶作に遭って、ふたたびヒエ作りに戻る人たちが多かった。水田のほぼすべてでコメを作るようになるのは大正時代末から昭和時代初めにかけてのことだ。とはいっても水田面積は少ない。下北地方で千町歩（ちょうぶ）（ヘクタール）あまりにすぎない。それが昭和四十年（一九六五年）前後に一気に四千ヘクタールと四倍になり、昭和五十五年の大凶作後、ふたたび元の千ヘクタール強にもどっていった。

それなら今、稗田を再開したら、というわけにはいかない。ヒエはコメ以上の栄養学的に優れた食品だけれども、しかしヒエを食べようという人びとはほとんどいないのが現状だ。作っても売れない。下北のヒエ作りは、全国どこでもそうであったように、昭和三十年代前半で消えた。（下北では味のいいソバが穫れるけれども、これは自家用にとどまっている。）

「地中農業」を提唱する人がいる。東奥（とうおう）日報に長期連載され、連載終結後単行本として出版された『風土の刻印・ヤマセ社会』（昭和五十八年刊）のなかに、「地中農業」という新語を造った袴田栄さんの考え方が、こんなふうに紹介されている。

それはレタスやホウレン草などの葉菜(ようさい)と、トマトやキュウリなどの果菜(かさい)とを〝地上菜〟とし、長芋やニンニクなど根菜(こんさい)を〝地中菜〟として昭和四十五年から十年間の、本県［青森県］におけるそれぞれの推移を分析している。この十年で地上菜は作付面積で〇・九倍、出荷量で二・六倍、生産額で二・五倍。これに対し、地中菜は面積一・八倍、量四・五倍、額四・六倍と、地上菜の二倍レベルの伸びを示してきていることに注目した。

長芋の成功をテコに、ヤマセ気象に抵抗力の強い地中菜、すなわち長芋、ニンニク、ジャガ芋、里芋、テンサイ、サツマイモ、ニンジン、ゴボウ、大根、落花生、ユリ根、玉ネギ、ラッキョウ、長ネギ、ウド、アスパラを目標にする。これに対し地上菜はハウス栽培としてキュウリなどの果菜、キャベツ、レタスなどの葉菜を栽培。もともと低温に強い食用菊やミョウガ、レンコン、セリ、ジュンサイ、ミズなどを伸ばすべき作目として列挙する。

挙げられた地中菜のうち、南方性のサツマイモなどはどうかと思うが、要するにヤマセの冷気を直接受ける地上菜よりも、土に守られている地中菜を重視していこうという提唱である。ヤマセの連れてくる霧雨が土にしみこんでジャガイモなどに腐れを引き起こすことがあるとか、長芋などの連作障害の問題はあるけれども、それらは研究しながら対策を立ててゆけば、解決できないことではないだろう。稲作をつづけてきたのは、この地方ではほんの半世紀ばかりのことだ。それ以前も以後も、稲作は農業の脇役にすぎない。主役を地中菜にという「地中農業」は、「下北型農業」のありかたを示しているのではないだろうか。

## 5

ヤマセ地域では冷害の年があまりに多くて、今度あつめたいろいろな資料でも数多の年が出てくるのだが、その一つ、一九七六年(昭和五十一年)冷害のことを記した『冷害の記録——山形村の実態とその対策——』のなかに、こんな詩があった。山形村は岩手県北東部の山村で、やはりヤマセの侵入する土地である。中学二年生の女の子(杉下育子さん)が「大冷害」という詩を、この記録集にのせている。四連の詩の第一連だけを引く。

秋の夕暮が四方に立ち込める
青い世界地図のように
青枯が大地を横領している。
草の葉ばかりが高鳴り
激しい息吹で乱舞している。

稔らなかった青立ちの枯稲が一面にひろがっているのだ。「青枯が大地を横領している」というのは、激しい言葉だ。昭和九年十年の大凶作のときには、この村からも身売りしてゆく娘たちがいたという。その娘たちも、大地を横領した青枯の稲に、胸のうちで激しい言葉を投げかけていたことだろう。

宮沢賢治の「雨ニモマケズ」は、発表された詩ではなく、手帖に書きつけられていたものだが、その数行のなかに「サムサノナツハオロオロアルキ」という一行がある。言うまでもなく、このサムサはヤマセの吹き流れる夏の日の寒さだ。オロオロアルキというのは、その寒さゆえに稲が稔ってくれないからだ。

農業技術者であった宮沢賢治は、ヤマセ地域の稲作をどうやって安定させたらよいかに心を砕いていた。凶作に心を痛めていた。

東北の冷害を描いている作品が、宮沢賢治には多い。そのなかでも、長編童話『グスコーブドリの伝記』が、もっとも直接に、稲作と冷害を描いている作品だ。

イーハトーブの大きな森のなかで、グスコーブドリは生まれ育った。お父さんは木樵(きこ)りで、妻とグスコーブドリと妹のネリを養っていた。ブドリが十歳、ネリが七歳の年、冷害にみまわれる。「七月の末になっても一向に暑さが来ない」夏だった。

ブドリの家では薪や木材を町へ運んで行って売り、そのお金でふだんはオリザ(コメのこと)を買ってくるのだが、この秋からは凶作のためにオリザは手に入らず、わずかの麦粉でがまんして暮らす。

凶作は二年つづきになり、飢饉になった。お父さんとお母さんは森のなかへ消えて行った。のこされたブドリとネリのところへ「目の鋭い男」がやってきて、ネリを連れ出してゆく。

宮沢賢治は昭和七年発表のこの童話を書くとき、おそらく昭和六年（一九三一年）の東北大凶作を、さらには大正二年（一九一三年）の大凶作を、頭に浮かべていたのだろう。それらの年、都会からやってきた人買いの男たちが、凶作の村の娘たちを連れ出して行った。昭和九年凶作では、よほど身売りが多かったのだろう、「身売防止運動」を種々の公共団体が行なっていたのだが、その「身売防止運動をよそに凶作地哀話が多い」という新聞の見出しが見られる。「嫁入った娘を売る鬼の様な母親」といった記事もある。

さて、ひとりきりになったブドリは、「てぐす工場」とか「沼ばたけ」（水田のこと）で何年間か働いたあと、イーハトーブ火山局で勉強しながら働くことになる。火山局では火山の噴火を予知して、大噴火前に海のほうへ熔岩を出させたりガスを抜くという仕事をしている。四年後、ブドリは技師心得になり、農業用に窒素肥料や雨を降らせる仕事をつづけるのだが、ブドリ二十七歳の年にまた「あの恐ろしい寒い気候」がやって来た。オリザ（稲）の苗は六月になってもまだ黄色く、木々も芽を出そうとしない。

……このままで過ぎるなら、森にも野原にも［山村にも農村にも］、ちょうどあの年のブドリの家族のようになる人がたくさんできるのです。ブドリはまるで物も食べずに幾晩も幾晩も考えました。ある晩ブドリは、クーボー大博士のうちを訪ねました。

「先生、気層のなかに炭酸瓦斯が増えて来れば暖くなるのですか。」

「それはなるだろう。地球ができてからいままでの気温は、大抵空気中の炭酸瓦斯の量できまっていたと云われる位だからね。」

「カルボナード火山島が、いま爆発したら、この気候を変える位の炭酸瓦斯を噴くでしょうか。」

「それは僕も計算した。あれがいま爆発すれば、瓦斯はすぐ大循環の上層の風にまじって地球ぜんたいを包むだろう。そして下層の空気や地表からの熱の放散を防ぎ、地球全体を平均で五度位温にするだろうと思う。」

「先生、あれを今すぐ噴かせられないでしょうか。」

「それはできるだろう。けれども、その仕事に行ったもののうち、最後の一人はどうしても遁げられないのでね。」

「先生、私にそれをやらしてください。どうか先生からペンネン先生へお許しの出るようお詞を下さい。」

ここに語られているのは、炭酸ガス（二酸化炭素、$CO_2$）による温室効果である。地球の温暖化は、産業革命以来、人類が石炭・石油を燃やして排出してきた$CO_2$によって徐々に進行してきている。近年その勢いが加速されているとの多くの観測結果があり、地球温暖化による環境劣化が心配され、諸国で$CO_2$排出規制策が採られている。宮沢賢治の時代には語られることのなかった危惧だから、このことで賢治を非難することはできない。宮沢賢治の頭にあったのは、なんとかして冷害をまぬがれさせよう、そのためには火山を噴火させてでも、その温室効果で気温を上昇させようという切実なねがいであった。

余計なことを言えば、宮沢賢治のこの方策は、おそらく逆効果だ。火山噴火で出てくるのは$CO_2$だけではない。むしろはるかに多くの各種浮遊微粒子群が大気中にかなり長くとどまり、それが太陽光の進入をさえぎって、一年なり二年なり地上の温度を低くしてしまう。「浅間山天明大噴火」の章に紹介したように、天明三年の浅間山の噴火が、異常低温を引き起こして、天明の大凶作大飢饉の主因になっている。『グスコーブドリの伝記』は童話だから、そんなことは気にしないで読み、宮沢賢治が持っていた農民への熱い心に共感すればいいのだが、ひとこと付言しておく次第である。

ブドリは三日後、火山局の船でカルボナード島へ急ぎ、噴火袋置ができ上がるとみんなを船で帰らせ、自分ひとり島に残る。『グスコーブドリの伝記』は、つぎの数行で終わっている。

そしてその次の日、イーハトーブの人たちは、青ぞらが緑いろに濁り、日や月が銅(あかがね)いろになったのを見ました。けれどもそれから三四日たちますと、気候はぐんぐん暖くなってきて、その秋はほぼ普通の作柄になりました。そしてちょうど、このお話のはじまりのようになる筈の、たくさんのブドリのお父さんやお母さんは、たくさんのブドリやネリといっしょに、その冬を暖いたべものと、明るい薪で楽しく暮すことができたのでした。

夏の低温をもたらすヤマセ気候は、もちろん稲の成育を阻害するだけでなく、たいていの植物に影響を及ぼすのだが、なかでも元来が南方系の植物である稲への悪影響が大きい。そのことは前にも言った通りだ。逆に高山植物にはほどよい気候であるわけで、そこから、稲作を従にして地中農業を主にしていこうという考えが出てくるのは当然のことである。宮沢賢治の場合は、しかし、そうは考えなかった。あくまでオリザ（稲・米）を守ろうというところに立っていた。オリザを守ることによってこそ人びとの幸福な暮らしが守れるのだと考えていた。

賢治の時代が、稲作の時代だったのだ。東北地方でも地域によって稲作の歴史は違っているけれども、大づかみにみれば、稲作に大きく依存した東北農業は、ここ一世紀ばかりのことだった。下北地方では半世紀にすぎない。その稲作中心農業時代のさなかに、宮沢賢治がいたし、またこの節のはじめに挙げた詩を書いた少女もいた。

「青枯が大地を横領している」と書いた少女のいた山形村の或る集落へ、ぼくは昭和三十年代の初め頃取材に行って、一週間ばかり泊めてもらったことがある。その山村での主食はヒエだった。泊めてもらった家は大山林地主で資産家だったが、コメの配給はことわってヒエを食べていた。貧しいからヒエというのではなく、昔からそうだったのだ。ヒエを食べなれていないぼくはコメが恋しかったけれども、それは単に食習慣の違いというものである。その後、時代は変わった。あの山村でも、やがて米食になり、田に稲を植えるようになったはずだ。

## 6

「ケガジ（飢饉・飢渇）は海からやってくる」と、言われてきたそうだ。太平洋から吹き寄せてくるヤマセが凶作をもたらし、飢饉をまねくのだ。

むつ地区農業改良普及協議会が昭和五十五年の凶作（さきに書いたように下北地方の稲作指数はゼロ）のことをまとめた『冷害の記録』のなかに、下北半島生まれの或る人が、祖母の「ケガジ話」を書いている。書いている人が大正生まれだから、祖母は明治もごく早い時代の生まれだろう。昭和初期、小学生のときに祖母からいろんな昔話を聞いていた、その一つだという。

……ある晩「ケガジ」の話しこするといったので、私達は「ケガジ」って何さと聞えたら、祖母は「ケガジ」てば田や畑に蒔いた物さなんにも実が入らない年のことを「ケガジ」年だと昔からいわれてきた。またそのような年には山の栗、ブドウ、コクワ、アケビ、ゾミ、トジナ、イチゴ、キノコ、ハシバメ、カモッツナ、畑のナシ、ズンベア、モモまでなっても味はいぐね、ニドイモ、長イモ、ホド、大根は割合に変らない。ただ祖母は子どものときから米のめしが好ぎだので親に、なよだ者「ケガジ」来ると早ぐ死ぬといづも怒こられだと話してくれた。

祖母はケガジが来たときには、山の猿のように、「山の実、川のジャコ、沢ガニ、トノホ虫」などをとって食べた。イモの粉やソバモチをふところに入れて遊びながら食った。川のアユとかマスなどはたくさんとれた。秋から冬にかけては鮭も一晩に十五本、二十本ととれた。

祖母が少女時代に体験した「ケガジ」年の食生活がそんなふうにこまかく語られている。『青森県百科事典』によると、明治時代前期では明治二年（一八六九年）と明治十七年（一八八四年）が大凶作だった。この話の「ケガジ」年は、そのどちらかのことであろう。山のものや川のものを食べてしのいだ様子がよく分かる。海辺の人たちは、そのほかに海のもの（海藻類や魚介類）を食べていた。ケガジに備えての食糧備蓄もあった。どのうちの倉にもクモの巣のかかった「ヒロ」に、アワやヒエやクルミなどが保管されていたという。ケガジが来ても秋まではそうやって山のものや川のものをとって食べられるが、冬が来て山も川も雪に埋もれてしまうと、とれるものはごくわずかになる。備蓄食糧がなくては冬を越せない。

この祖母の村が江戸時代のたびたびの飢饉のときに餓死者を出したかどうかは分からないが、おそらく出していないのではないか。こういう暮らしがあれば、ケガジの年は苦しいけれども生き抜いていける。

天明や天保の大飢饉についての資料をずいぶんたくさん読んでみたのだが、何万人という餓死者がどういう人びとであったのか、どうもおぼろにしか分からない。親が子を、子が親を、殺して食べたとか、あとで自分の家族が死んだら返すからといって他家から人の足を一本借りて食べるといった、地獄絵のような悲惨な話がずいぶん記されてはいるのだが、それらがふだんどういう生活をしてきた人たちなのかが分からない。

山へも海へも遠く、豊かな川にもめぐまれないところといえば、平地農村民とか、いわば都市部の人間だろう。とはいえ武士や大商人たちはほとんど餓死していないようだから、農村なら小作人たちが、また都市部ならその下層民が、餓死したり、よその土地へ食べものを求めてさすらったりしたのかと思う。

『金田一村誌』を見ると、どこかよその土地から流れてきた者たちが山に入ってワラビの根とか松の皮を食べ、或る者はワラビの根を掘るうちに力つきて穴にころげ落ちて死んでいた、といった話が、天明・天保の飢饉のときのこととして古老によって語られている。金田一村の住民とて食べるのに窮していたはずだが、古老の話しぶりからは村の者が多く餓死したとは推察されない。餓死者は主におのれの土地を離れざるを得なかった人たちなのであろうか。金田一村の上はずれに当時餓死供養塔が建てられたという。村の人たちが餓死者をあわれんで建てたものである。自村の者が死んだのなら村の墓地に葬るはずだし、もしそのための餓死供養塔を建てるとしても墓地内か墓地近くに建てるのではないかと思う。名前の分からない行き倒れの餓死者をあわれんだのが、餓死供養塔だという気がする。

藩のそのときどきの飢饉対策によっても、餓死者数は大きく変動する。宝暦五年（一七五五年）の大凶作では、津軽藩は貯米の確保、諸税の免除、幕府への救援米要請などによって餓死者は一人も出さなかった。そういう対策をとらなかった八戸藩では数千人の餓死者を出した。その後の天明大飢饉（一七八二年〜八五年）では津軽藩で八万人、八戸藩で三万人の餓死者が出たという。それだけひどい飢饉だったとは言える。天明以後、両藩ともに飢饉対策を立て、備蓄食糧をふやしてゆくのだが、天保大飢饉（一八三三年〜三九年）のときには、それでも津軽の餓死者三万五千人、逃散（ちょうさん）者四万七千人にも及んでいる。一方、八戸藩では藩財政を傾けてまで救済につとめ、ほとんど餓死者を出していない。藩政府の努力があれば、餓死者までは出さないで飢饉を乗りこえることができるのだ。

凶作はしばしば何年間もつづく。天候が悪いだけでなく、豊作になるべき天候の年にも凶作がつづく。農民の数が激減していたり、残った農民に耕作意欲が失われていたり、耕作しようにも種もみが食べつくされていたりするからだ。せっかくの好天の年に凶作となり、つぎの年にまたヤマセが何十日もつづいたりする。政治の適切な対応がなければ、凶作はつづき、飢饉状態は解消されない。

ヤマセ地帯のあちらにもこちらにも、餓死供養塔がある。八戸市内で見た餓死供養塔のなかには、見上げるほどの大きなものがある。それだけ、野獣のように飢えて死んで行った者たちをあわれむ心が深かったということでもあり、また彼らを見殺すしかなかった自分たちの無念や慚愧（ざんき）がこめられているのでもあろう。

霧雨の恐山（宇曾利山（うそりやま））を歩いていると、さまざまの供養塔に出会った。ほとんどのものが、非業の死、悲運の死をいたむ供養塔だ。長男をヒマラヤで失い次男を交通事故で亡くした親の建てた塔もあれば、「塵肺殉難者諸霊塔」というのもある。恐山は非業の死を遂げた霊のあつまるところなのだ。ヤマセ地域の数百年の歴史のなかの餓死者の霊もここにやってきているのだろう。

肌寒さにふるえながら、ぼくは諸塔に合掌して歩いた。肌寒さは気温だけのことではなかった。

# あとがき

半世紀前、巨大地震（福井地震）に遭った。それ以来、自然災害のことはいつも気にかかり、地震・台風・火山噴火・津波などの記録を折り折りに読んできた。ものを書くようになってからは、いつか災害と人間をめぐる本を書こうと思ってきた。

雑誌連載でそれが実現することになった。『プレジデント』誌の中田雅久編集長、樺島弘文・石井伸介氏と連載についての最終打ち合わせをすませたのが一九九五年一月十三日だった。すぐに取材にかかり連載を開始する予定だった。

四日後の一月十七日、阪神地方に巨大地震が発生した。目の前で日々に被害の拡大するなかで、過去の災害についての文章を書くことはできない。連載の延期を申し出た。そして半年後に始めたのが、この連載だった。阪神大震災の章は立てなかった。六千数百人の御霊に合学するのみである。

現地取材に同行してくださったのは、前記の樺島・石井両氏がそれぞれ数回、中田英明・桂木栄一両氏が各一回である。本に造ってくださったのは新潮社出版部の柴田光滋・松村正樹両氏である。取材先でお会いしたみなさんをはじめ、すべての方々にあつく御礼申し上げます。

一九九六年師走　著者

◉編集部注

本書は一九九七年二月に新潮社より刊行された『荒ぶる自然――日本列島天変地異録』を底本として復刻したものです。文中の行政区域名、人物の肩書等は底本刊行時のものです。復刻に際し新たに地図・索引・年表を加え、ふりがなを適宜加えました。

復刻のご快諾をいただきました高田喜江子さまにあらためて深く御礼を申し上げます。

苦楽堂編集部

# 関連年表

| 年 | 月 | 災害関連事項 | その頃の日本と世界 |
|---|---|---|---|
| 864(貞観6) | 5月 | 富士山貞観噴火(のちに青木ヶ原樹海となる熔岩流が発生) | |
| 869(貞観11) | 5月 | 貞観三陸津波 | |
| 1783(天明3) | 3月 | 青ヶ島噴火 | 天明の大飢饉 |
| | 4月 | **浅間山天明大噴火**(〜7月) | |
| 1889(明治22) | 7月 | 明治熊本地震 | 大日本帝国憲法発布 |
| 1896(明治29) | 6月 | **明治三陸大津波** | |
| 1914(大正3) | 1月 | **桜島大正噴火** | 第一次世界大戦(〜18) |
| 1923(大正12) | 9月 | 関東大震災 | |
| 1933(昭和8) | 3月 | **昭和三陸大津波** | 日本、国際連盟を脱退 |
| 1934(昭和9) | 9月 | **室戸台風** | |
| 1938(昭和13) | 7月 | 阪神大水害 | 国家総動員法公布 |
| 1943(昭和18) | 12月 | 有珠山噴火(昭和新山形成) | 学徒出陣 |
| 1944(昭和19) | 12月 | 東南海地震 | サイパン島失陥 |
| 1945(昭和20) | 1月 | 三河地震 | 原爆投下、敗戦 |
| 1946(昭和21) | 12月 | 南海地震 | 日本国憲法公布 |
| 1948(昭和23) | 6月 | **福井地震** | 東京裁判判決 |
| 1958(昭和33) | 9月 | **狩野川台風** | 東京タワー完工 |
| 1959(昭和34) | 9月 | **伊勢湾台風** | 岩戸景気 |
| 1961(昭和36) | 6月 | **天竜川三六災害**(昭和36年梅雨前線豪雨) | ベルリンの壁が造られる |
| | 9月 | **第二室戸台風** | |

| 年 | 月 | 災害 | 社会の出来事 |
| --- | --- | --- | --- |
| 1963（昭和38） | 1月 | **三八豪雪** | ケネディ大統領暗殺 |
| 1964（昭和39） | 6月 | 新潟地震 | 東京オリンピック |
| 1968（昭和43） | 5月 | 十勝沖地震 | 日本のGNP、世界第二位に |
| 1977（昭和52） | 8月 | **有珠山噴火** | |
| 1978（昭和53） | 1月 | 伊豆大島近海地震 | 日中平和友好条約調印 |
| | 6月 | 宮城県沖地震 | |
| 1980（昭和55） | 7月 | ～9月、大規模冷害 | 光州事件 |
| 1982（昭和57） | 7月 | 長崎豪雨 | ホテルニュージャパン火災 |
| 1983（昭和58） | 5月 | 日本海中部地震 | |
| 1986（昭和61） | 11月 | **伊豆大島噴火** | チェルノブイリ原発事故 |
| 1991（平成3） | 6月 | 雲仙普賢岳で大火砕流発生 | 湾岸戦争 |
| 1993（平成5） | 6月 | ～10月、大規模冷害（**下北ヤマセ冷害**）、コメの緊急輸入行われる | 細川政権発足 |
| | 7月 | 北海道南西沖地震（奥尻島津波） | |
| 1995（平成7） | 1月 | 阪神淡路大震災 | 地下鉄サリン事件 |
| 2000（平成12） | 9月 | 東海豪雨 | 介護保険制度発足 |
| 2004（平成16） | 10月 | 新潟県中越地震 | インド洋大津波 |
| 2005（平成17） | 3月 | 福岡県西方沖地震 | ハリケーン「カトリーナ」発生 |
| 2007（平成19） | 7月 | 新潟県中越沖地震 | 郵政民営化開始 |
| 2008（平成20） | 6月 | 岩手宮城内陸地震 | リーマンショック |
| 2011（平成23） | 3月 | 東日本大震災・福島第一原子力発電所事故 | ニュージーランド地震 |
| 2015（平成27） | 9月 | 関東・東北豪雨 | 安全保障関連法成立 |
| 2016（平成28） | 4月 | 熊本地震 | |

高田宏（たかだ・ひろし）
作家。1932年、京都生まれ。石川県江沼郡大聖寺町（現・加賀市）に育つ。55年、京都大学文学部（仏文専攻）卒。光文社に入社し「少女」編集部で狩野川台風、伊勢湾台風などの被災地を取材。アジア経済研究所を経て、63年にエッソ・スタンダード石油で企業ＰＲ誌「エナジー」を創刊。84年より著述業に専念。主な著書に、日本初の近代国語辞書『言海』を生んだ大槻文彦の評伝『言葉の海へ』（78年、大佛次郎賞、亀井勝一郎賞受賞、新潮社）、『木に会う』（90年、読売文学賞受賞、新潮社）など。2015年没。

---

荒ぶる自然
日本列島天変地異録
高田宏 著

2016年6月12日　初版第1刷発行

| | |
|---|---|
| 装幀 | 原拓郎 |
| 校正 | 聚珍社 |
| 発行者 | 石井伸介 |
| 発行所 | 株式会社苦楽堂<br>http://www.kurakudo.jp<br>〒650-0024　神戸市中央区海岸通2-3-11昭和ビル101<br>Tel & Fax:078-392-2535 |
| 印刷・製本 | 中央精版印刷株式会社 |

ISBN 978-4-908087-03-5 C0021


| | | |
|---|---|---|
| 本文仕様 | 章扉 | 中ゴシックBBB pro M（モリサワ） |
| | 本文 | 筑紫明朝pro L + Adobe Garamond pro |
| 装幀仕様 | カバー | OKサンド／ブライト／四六判Y目120kg |
| | オビ | NTラシャ／濃赤／四六判Y目100kg |
| | 本表紙 | OKサンド／ミドル／四六判Y目120kg |
| | 見返し | NTラシャ／水色／四六判Y目100kg |
| | 別丁扉 | NTラシャ／漆黒／四六判Y目100kg |
| | 本文 | ラフクリーム琥珀N／四六判Y目66.5kg |

## 災害名索引

(引用文献中の表記が異なるものは適宜まとめた。例:昭和津波、昭和大津波→昭和三陸大津波)



## 地名・施設名索引

## か行

## 人名索引

## 組織・団体名索引

### あ行



### か行



### さ行



### た行



### な行



### は行



### ま行



### や行

## 文献名索引

（私家版、映像資料を含む）

あ行



か行



さ行



た行



な行



は行



ま行



や行



ら行



わ行